▼監修・解説▲ 植村秀樹

戦後防衛史資料 7

Y委員会記録 其の四 2/2 Y委員会研究資料 2/2

ゆまに書房

刊行にあたって

植村　秀樹

戦後の日本、すなわち日本国の安全保障を担う中心的な組織である自衛隊は、一九五四年の創設から七十年を経て、今日では世界有数の規模と予算を誇るまでになっている。かつては憲法との関係が激しい論議の的であったが、主に災害派遣における活躍が評価されてのことであるとはいえ、今日では憲法に反しないものと認められている。

自衛隊はどのようにして生まれ、発展してきたのかを知るための史料が本資料集に収められている。再軍備の過程に関する歴史的研究は、中心を担った当時の吉田茂首相の政治外交手腕や日米関係、あるいは旧軍関係者との関係に注目したものが多く、まだ研究の余地は大きい。

旧帝国陸海軍の対立を熟知していた吉田は、その再現を避けるべく単一の幹部養成機関として保安大学校（現・防衛大学校）を設立した。しかし、それでも三自衛隊の独自性とそれに基づく利害関係による対立は避けがたく、それが問題を生んでもきた。

二〇一一年の東日本大震災の際にも救援活動にあたったが、実はこの時、発足以来初めて陸上・海上自衛隊の統合運用が実施された。その必要性は長い間叫ばれてきたものの、実現には長い年月を要した背景にあるのが、陸上・海上・航空の三隊の個別事情である。三隊揃って同時に発足したとはいえ、そこに至る経緯はそれぞれであり、その違いが各隊の〝組織文化〟に大きく影響してきた。また、とりわけ陸自においては定員の確保が難しく、今日も募集活動の困難は続いている。そうした背景を理解するためにも、三自衛隊の創設と発展の経緯を知る必要がある。

以上のように、戦後の防衛体制の根幹たる自衛隊の創設・発展のさらなる研究は、単に過去を知るという意味での歴史研究にとどまらず、今日の自衛隊の抱える問題の根幹に迫るものに他ならない。そのための貴重な史料を収めている本資料集は、今後の研究に欠くことのできないものである。なお、不開示（いわゆる「黒塗り」）の部分も少なからず含まれており、現時点での政府の公文書公開に対する消極姿勢の一端を表すものである。他の史料等から推察できる部分も今日では少なくないが、こうした点は今後、改められなければならない。

とはいえ、本資料集に収められた史料は、現時点における最良のものであり、自衛隊の発足の経緯と発展を理解することは、そのまま戦後日本の歩みを知ることである。貴重な史料の活用によって研究がさらに進展することを期待したい。

（流通経済大学法学部教授）

凡例

一、本シリーズは防衛省防衛研究所の所蔵する、Y委員会が作成した文書を影印方式で復刻するものである。第二回では、「Y委員会記録　其の4　2/2　Y委員会研究資料　2/2」から「Y委員会　募集関係綴」までを収録する。

二、第二回に収録した文書の登録番号、史料名、作成部署、収録期間は以下の通りである。

巻号	登録番号	史料名	作成部署	収録期間
7	⑨文庫―海自創設経緯資料―8	Y委員会記録　其の4　2/2　Y委員会研究資料　2/2	Y委員会	一九五一年一〇月―一九五二年四月
8	⑨文庫―海自創設経緯資料―9	Y委員会記録　其の5　教育参考書作製（ほん訳）記録	Y委員会	一九五一年一二月―一九五二年一一月
9	⑨文庫―海自創設経緯資料―12	Y委員会　法規関係綴	Y委員会	一九五一年一一月―一九五二年五月
10	⑨文庫―海自創設経緯資料―13	Y委員会　Y委員会関係綴	Y委員会	一九五一年一〇月―一九五二年四月
	⑨文庫―海自創設経緯資料―14	Y委員会　教育関係綴	Y委員会	一九五一年一一月―一九五二年四月
	⑨文庫―海自創設経緯資料―15	Y委員会　Y教関係提出書類	Y委員会	一九五一年一一月―一九五二年二月
11	⑨文庫―海自創設経緯資料―16	Y委員会　経費関係綴	Y委員会	一九五一年一一月―一九五二年七月
	⑨文庫―海自創設経緯資料―17	Y委員会　要員現状関係綴	Y委員会	一九五二年　一月―一九五二年四月
12	⑨文庫―海自創設経緯資料―18	Y委員会　要員計画関係綴	Y委員会	一九五一年一二月―一九五二年三月
	⑨文庫―海自創設経緯資料―19	Y委員会　募集関係綴	Y委員会	一九五二年　二月―一九五二年五月

※各原本に添付されている「原本史料経歴表」は収録していない。また、「⑨文庫-海自創設経緯資料-10　我が新海軍再建経緯（元海軍省軍務局長　保科中将手記）」及び「⑨文庫-海自創設経緯資料-11　吉田英三氏の回想」は「私文書」に指定されているため、本シリーズには収録していない。

三、本書は原本を約八〇パーセントに縮小している。

四、原本は経年による劣化のため、文字のカスレ、汚れ、裏写り及び書込み等が散見される。また、縮小のため判読に困難を伴う箇所がある。なお、原本を傷めないために、撮影時に見開き中央部分を無理に開くことをしなかった。隠れている文字については、欄外にそれを示す。あらかじめご諒承をいただきたい。

五、復刻にあたり、原則として原本の見開きと同様になるようにしたが、片面印刷の文書が連続している場合の文書裏面の白紙、及び未記入の罫紙等は省略した。

六、本シリーズ最終巻末に監修者による解説を附す。

〔附記〕原本をご所蔵の防衛省防衛研究所には、出版のご許可をいただき、また、製作上種々のご便宜を図っていただきました。ここに記して謝意を表明します。

第七巻　目次

「Y委員会記録　其の四　2／2　Y委員会研究資料　2／2」

目　次

日付	作成者、発信者	宛先	題名	頁
昭和二六年一〇月二日	在日出動訓練隊		フリゲート艦用　乗員習熟訓練予定表	187
			28	311
昭和二六年一二月二〇日	在日出動訓練隊		大型上陸援護艇用（ＬＳＳＬ）乗員習熟訓練予定表	313
			29	383
昭和二七年一月八日			Ｙ施設分科会記録	385
昭和二七年一月八日			Ｙ施設分科会記録	395
			30	401
昭和二六年一一月八日	二復資料課		佐世保、呉、大湊、舞鶴方面　旧海軍施設状況表	403
			31	409
昭和二七年四月一八日	施設分科委員　秋重実恵・永石正孝・長沢浩		海上警備隊地方施設候補地視察報告	411

Y委員会記録　其の四　2／2　Y委員会研究資料　2／2

Y委員会記録　其の四　2/2

Y委員会研究資料　2/2

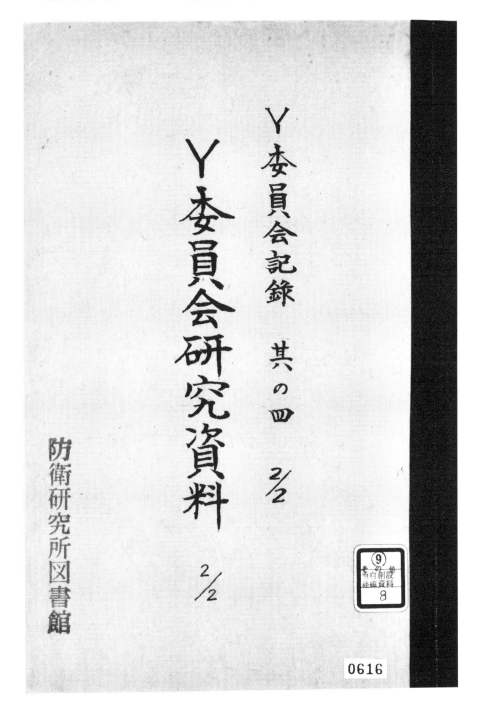

Ｙ委員会記録　其の四　2/2

Ｙ委員会研究資料　2/2

厚　　生　　省

0619

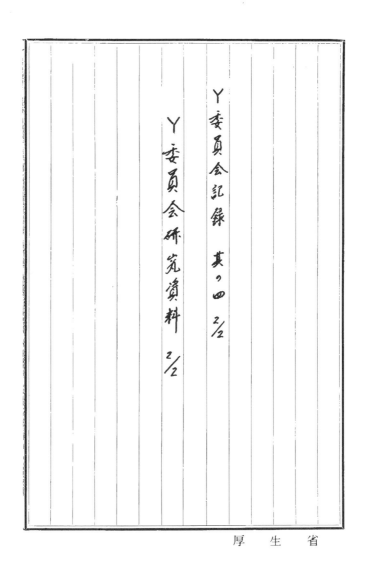

1/2

目次

整理番号	年月日	件名
1		海上警備隊総監の人選について、
2	二六、二、六	保安予備隊設置要綱(保安庁提案)に対する所見
3		Y機構要員、補育教育要領(案)
4		Y機構要員の充足、艦艇の受取、保管並に要員教育等の計画に関する構想
5	一二、	要員指導者の養成に関する腹案
6	一二、一八	保安庁選出要員指導者の編成任務並びに各部との関連事項
7	一二、一九	A班の教育分担時間の検討
8		Y機構要員教育諸方式の比較検討
9	一一、二七	Y機構要員の充員並に教育訓練計画に関する問題点
10	一一、三〇	要員指導者教育に関する新構想
11	一二、一四	修正案の構想
12	一二、二四	Y機構要員の教育訓練に関する新計画と原計画との相違点

1

厚生省

0620

2/2

13	二七、一、二八	Y機構所要員数の検討、Y機構定員（案）、
14	一、二九	講習員答案作製要領
15	二、一四	Y機構士官要員の専門別階級別員数
16	二、二〇	PF艤装員の特別採用充員に関する腹案
17	二、二八	Y要員士官官等級別員数
18	二、二九	海上警備隊幹部要員募集要綱案
19	〃	PF艤装員の応急配員
20	三、三	海上警備隊要員募集竝記試験問題の準備に関する事項
21	三、八	PF四隻の充員要領
22	三、七	海上警備隊要員受験資格について
23	三、一〇	海上警備隊員募集に関し各地方復員局に対する要望
24	四、一七	中央機構及配員表、海上警備隊総監部配員表
25	四、一〇	海上警備隊総監部事務分担表（案）
26	一四	横須賀艦船部長の電話覚

厚生省

0621

27	二六、一〇、二	フリゲート艦用乗員習熟訓練予定表
28	一二、二〇	大型上陸援護艇用乗員習熟訓練予定表
29	二七、一、八	Ｙ施設分科会記録
30	二六、一二、八	佐世保、呉、大湊、舞鶴方面旧海軍施設現状表
31	二七、四、一八	海上警備隊地方施設候補地視察報告

3

厚　生　省

0622

18

0623

1

8部

27-2-28

海上警備隊幹部要員募集要綱（案）

昭二七、三、二九

一、方針

海上警備隊設立の主旨を普及徹底せしめ広く

一般から有為な人材を選抜採用する

二、応募資格

昭和二十七年四月一日現在左の各号の一に該当するもの

(イ)旧海軍士官（特務士官）及び予備士官で公職不適格の指定を受け

ていない者（不適格を解除された者を含む）

0624

（ロ）~~現在又は過去に於て~~海上保安庁の~~職員であり又はあった者~~
船舶乗員、保安官であり又はあった

（ハ）昭和二十年八月一日において旧海軍兵学校、海軍経理学校及び清水高等商船学校の最高学年に在学中であった者

（ニ）昭和二十年八月一日において旧海軍の少尉候補生、見習尉官、予備学生（准士官）であった者

（神一〇四）

0625

2

(ホ)昭和二十年八月一日以前に於て高等商船学校
水産講習所及び並これと同等以上の学校
を卒業者であつたした者

(ヘ)旧二級官又は旧二級官相当の職にあつた者並びに
現在七級職以上の職[illegible]にあるもので
法務、衛生、通信、電気、機械、施設、経理、調達
関係等の技術又は業務に相当の経験ある者

者

（ト）昭和二十五年以前の旧制大学卒業者又は昭和二十三年以前の高等専門学校（旧陸軍士官学校及び陸海軍兵学校を含む）卒業者で社会的、技術的能力において前項と同等又は同等以上と認められる者

三、初任階級、採用員数、制限年齢

（イ）警察監（一等警察士）　若干名（別途詮衡）

（ロ）二等警察正　約六十名（四十五年以下）

（ハ）三等警察正　約百二十名（仝　）

（ニ）一等警察士　約百八十名（四十年以下）

（ホ）二等及三等警察士　約二百八十名（三十五年以下）

（神一〇四）

応募者の閲歴、素養並びに試験結果を綜合的に検討の上合格を決定し、これを警察監から三等警察士に至る各階級別に割当て採用する各階級別採用予定員数並びに制限年齢は右項の通

四、募集実施要領

募集事務は海上保安庁統轄の下に各管区海上保安本部が主体となって実施する。

(イ) 志願者案内書及び志願票の配布

志願者案内書及び志願票は海上保安庁で作製の上各管区保安本部、保安部並びに市町村役場等に配布し、広く募集対象者に交付する

(ロ) 志願の受付

0627

(一)志願者は、志願票三通に所要事項を記入の上別紙第一の区分に依り担当保安本部に之れを提出(又は郵送する)。

(二)担当保安本部は志願者に対し試験期

選定し之を通知する

(ハ)試験

(一)一等兵曹以上採用予定者に対しては之れを海上保安庁(東京)に集合の上試験を実施する。

(二)二等兵曹以下の採用予定者に対しては別紙第一の区分に依り各地方試験場に於て第一次試験(学術試験及び身体検査)を実施し第二次試験([illegible])[illegible]

(第一〇四)

於いて合格者を東京に集合し第二次試験（人物試験）を実施する。

（三）

（ニ）調査

（ホ）採用決定及び通知

（ヘ）入隊及び任命

五、道府県の所掌

復員省

0628

六九円也

(陸一〇四)

0629

40
27-2-29 作製
寺井事務官へ

Y秘

海上警備隊幹部要員募集要綱（昭二七、二、二九 決定）

一、方針

海上警備隊設立の主旨を部外一般に普及徹底せしめ広く各方面から有為な人材を選抜採用する。

二、応募資格

昭和二十七年四月一日現在左の各号の一に該当するもの。

(イ)旧海軍士官、特務士官及び予備士官で公職不適格の指定を受けていない者（不適格を解除された者を含む）

(ロ)船艇乗員で海上保安庁のあり又はあつた保安官

(ハ)昭和二十年八月一日において旧海軍兵学校、海軍経理学校及び清水高等商船学校の最高学年に在学中であつた者

(ニ)昭和二十年八月一日において旧海軍の少尉候補生、見習尉官、予備学生。准士官であつた者、

(ハ)昭和二十年八月一日以前に於て高等商船学校及びこれと同等以上の学校を卒業した者

0630

(ヘ)旧二級官又は旧二級官相当の職にあつた者並びに現在七級職以上の職にあるもので法務、衛生、通信、電気、機械、施設、経理、調達関係等の技術又は業務に相当の経験ある者、

(ト)昭和二十五年以前の旧制大学卒業者又は昭和二十二年以前の高等専門学校（旧陸軍士官学校及び陸軍経理学校を含む）卒業者で社会的、技術的経歴において前項と同等又は同等以上と認められる者

三、初任階級、採用員数、制限年齢

応募者の閲歴、素養並びに試験結果を綜合的に検討の上合格を決定しこれを警備官から三等警備士に至る各階級割当て採用する。

各階級別採用予定員数並びに制限年齢は次の通り

(イ)警備監及び一等警備正　若干名（別途詮衡）

(ロ)二等警備正　約六十名（四十五年以下）

(ハ)三等警備正　約百二十名（同）

(ニ)一等警備士　約百八十名（四十年以下）

0631

(ホ)二等及三等警備士　　約二百八十名（三十五年以下）

四、募集実施要領手續

募集事務は海上保安庁統轄の下に各管區海上保安本部が主体となつて実施する。

(イ)志願者案内書及び志願票の配布

志願者案内書及び志願票は海上保安庁で作製の上各管區保安本部、保安部並びに都道府縣世話課等に配布し、広く募集対象者に交付する。

(ロ)応募受付

(一)志願者は、志願票三通に所要事項を記入の上別紙第一の區分に依り担当保安本部にこれを提出（又は郵送する）する

(二)担当保安本部は志願者に対し試験場選定し之を通知する。

(ハ)試　験

(一)一等警備正以上採用予定者に対してはこれを海上保安庁（東京）に集合の上試験を実施する。

0632

(一)二等警備正以下の採用予定者に対しては別紙第一の区分に依り各地方試験場に於て第一次試験（学術試験及び身体検査）を実施し次いで合格者を東京に集合し第二次試験（人物試験）を実施する。

(二)

(三)調　　査

(四)採用決定及び通知

(五)入隊及び任命

五、宣伝及び勧誘

六、その他

0633

3

(二) 担当保安本部は志願者に対し受験票を交付すると共に志願票三通の中一通を保留し他の二通を海上保安庁に送付する

五、試験の実施

(イ) 高等学校卒業正以上の銓衡範囲にある書類応募の者に対しては[illegible]筆記試験を実施しない

(イ) 試験の実施は第一次試験（筆記試験）及び身体検

(ロ) 査）と第二次試験（面接試験）とする

0634

(イ)試験項目は（経歴調査）面接試験、筆記試験、経歴調査及び身体検査とする。但し、一等警備正以上の銓衡範囲にある応募者に対しては筆記試験を実施しない

(ロ)一等警備正以上の銓衡範囲にある応募者に対しては（委員会に於て）経歴調査を主とした事前審査を慎重に行い採用候補者名簿を作製した後候補者を逐次海上保安庁に召致して

(神一〇四)

0635

4

面接試験及び身体検査を行ふ。

(ハ)二等警備正以下の幹部範囲に属する応募者にあつては別紙第一の区分に従ひ各試験場に於て第一次試験（筆記試験及び身体検査）を行ひその成績優秀なる者を海上保安庁に集合して第二次試験（面接試験）を行ひ採用候補者名簿を作製する

六、調査

採用候補者名簿決定次第右記調査を

0636

実施する
(イ)市町村長に依頼して本人経歴調査を行ふ。
(ロ)所轄警察署又は勤務先に依頼して特別調査を行ふ。

七、採用決定及び通知、
採用試験成績及び調査の結果を勘案の上採用者の最後決定を行ひこれを各人に通知する

八、その他
募集採用日程 別紙第二の通、

(終)

(神一〇四)

0637

別紙第一

担当保安本部及び地方試験場

担当保安本部（試験場）	志願者居住地域
第一管区海上保安本部（小樽）	北海道
第二管区海上保安本部（塩釜）	青森県、岩手県、秋田県、宮城県
第三管区海上保安本部（横浜）	福島県、栃木県、茨城県、千葉県、群馬県、埼玉県、東京都、神奈川県、山梨県

担当保安本部（試験場）	志願者居住地域
第七管区海上保安本部（門司）	大分県、福岡県、佐賀県、長崎県
第十管区海上保安本部（鹿児島）	宮崎県、鹿児島県、熊本県、

0638

第四管区 海上保安本部（名古屋）	静岡縣、愛知縣、岐阜縣、三重縣、滋賀縣、
第五管区 海上保安本部（神戸）	奈良縣、和歌山縣、大阪府、兵庫縣、徳島縣、香川縣
第六管区 海上保安本部（廣島）	岡山縣、広島縣、山口縣、鳥取縣、島根縣、高知縣、愛媛縣、
第八管区 海上保安本部（舞鶴）	京都府、福井縣、石川縣
第九管区 海上保安本部（新潟）	富山縣、長野縣、新潟縣、山形縣、

（第一〇四）

0639

別紙第二

募集採用日程表

期日	実施事項
三・一〇（月）	志願者案内書、志願票の印刷終了、直ちに各庁へ発送
三・一四（金）	海上警備隊員募集関係事項の発表、宣伝開始、志願票の受付開始、一部調査開始
四・一二（土）	志願受付締切
四・一四（月）	第一次試験
四・一五（火）	
五・六（火）	第二次試験
五・七（水）	一次試験合格採用予定者候補者面接試験
五・一七（土）	調査終了
五・一九（月）	合格者決定、第一次入隊者に対し（採用並びに）入隊の通知

0640

五一二大(通)第一項大隊(横須賀)

(神一〇四)

0641

参考資料　その一、

警察予備隊幹部要員募集実施日程

三月　三日　月　関係書類発送

三月　七日　金　宣伝、応募要領交付及び一部調査開始、

三月　二十六日　水　応募受付締切

三月　二十七日　木　総隊総監部から各区総監部へ採用基準数通達

自三月二十八日　金
至四月五日　土　〜試験

四月七日　月　仮合格者名簿進達

五月十六日　金　調査終了（第一次入隊者四万名分）

五月十九日　月　採用決定及び通知

六月　一日　日　入隊（約四万名）

六月十五日　日　入隊つゞき千五万名）

0642

3,000
500
1,3500
1,500
500

三、予定資料 その二、

Y校補職予定者ハ（の主たる）其帯集対象ノ予定数

(イ) 正規士官（各科大佐以下）	二三、六八六名
(ロ) 予備士官	二六、五三七名
(ハ) 特務士官	二八、六三四名
(ニ) 准士官	七、二四三名
(ホ) 軍学校、商船学校最上学年	約四、五〇〇名
(ヘ) 予備学生	約二、〇〇〇名
合計	約九二、六〇〇名

（第一〇号）

0643

19

0644

40分　27-2-29作成 手井事務官へ

14/4/56

防職装員の応急配員（昭二七、二、二九）

二、要旨

防四変の職装員に関しては別紙第四の方針で対処する。~~本の腹案準備~~のも困難であるが当面の（当分実情から）米勤務団から一艇には（四月十日頃から隊次職装員を集配案せしめる）（尠くとも）士官二名兵曹員一二名計一四名（四艇分五六名）40名の者は三月二十日以降三月末迄の間に是非乗艇せしめる様強く要望せられて居る、随って当面これが対象としては取り敢えずC班員から右要員を選出するより方法がないが斯くてはC班の立つ

○機関長一、運用長一、掌缶四、掌機四、電機一、

復員省

船訓練計画の実施が妨害せられC班本来の任務達成が困難となる虞がある

のでこれが対策は適切に実施する要がある

二、若C班から右職務員を選出した場合C班に及ぼす障害の程度

(イ)士官要員

職別		C班現在員	減
	十四		
機関	二五		
	三五		
航海	一士		
運用	二士		

(註)本例から以下算出要領省略

(ロ)下士官 運用長一、掌缶四、掌機四、電機一、

(科一〇四)

0646

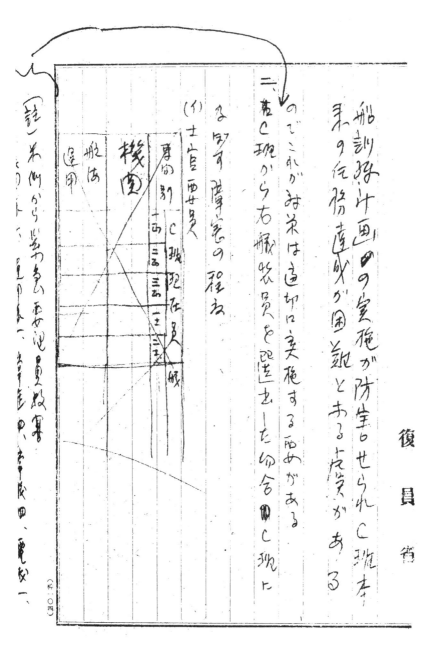

2

事項別	C班現在員	艇長員と選ぶ員数	差引残
機関	二正・二、一士・二、二士・三、計七	二正・二、一士・二	二士・三
航海運用	一正・一、二正・一、三正・三、三士・三、二士・三、計九	三正・二、一士・二	一正・一、二正・一、三正・一、二士・二

即ち差し当りC－P班及びC－L班が各々LSSL二隻編成に分乗航務する場合に於ても一般海運用は尚余裕があるが機関科は三正二は一士二名程度不足するものと思はれる。

(ロ) 兵員

現在C班から艇長員を選出すれば

事項別	艦現在員	艦艇員として残置する員数	差引残	LS要求数
学生	一〇	一六	(一)六	○
生徒	一[illegible]三	一六	(一)八三	[illegible]
[illegible]	七	四	(十)三	一二
電測	七	四	(十)三	八
[illegible]				
機砲	一六	八	(十)八	四

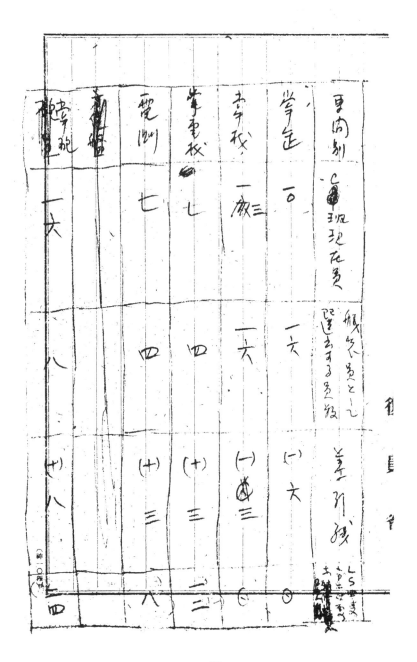

3

即ち已艦現在員から米側要望数の掌航、掌機関係艤装員の選出は困難であると判定

又電信、電測、掌砲関係艤装員等は米側の要望数の選出は可能であるが、CP班、CIC班の編制の為LSSL二隻宛に分乗して訓練を行う場合には掌電信九名、電測五名、掌砲一六名何づれも不足を生ずる

復員省

（註）C班の特修別員数は必ずしも適当でない従ってC－L班で二隻のLSSL乗員の確保は困難である。

三、対策（C班に）

(イ) 速かに救難科三〇又は一七二名の補充を要す

(ロ) ~~本艦装第六地区選出所属艦艇~~ 兵員の特修要員を現保安庁艦員から選出することは困難あるので困難が予想されるので部外から至急銓衡の要がある

(ハ) 追加二隻、二隻の艦艇乗員の追加要求があることを考慮し急速に別紙（第一〇四）の案を行う要があると認む

0650

参考資料

所要人員ヨリ所要特修別員数とC班員の現在員との比較

特修別	C-P班（PF一隻分）			C-L班（LSSL二隻分）		
	所要員数	現員数	差引	所要員数	現員数	差引
掌砲	一一	一〇	(－)一	一二（六）	一〇	(－)二
水測	七	一	(－)六	〇	〇	
運用	一三	一七	(＋)四	一六（八）	六	(－)一〇
信号	四	一〇	(＋)六	四（二）	三	(＋)一
電信	一五	九	(－)六	六（三）	四	(－)二
電測	一〇	六	(－)四	四（二）	一	(－)三
気象	四	〇	(－)四	〇	〇	
機関	三四	二三	(－)十一	〇	〇	

0651

内火	電機	工作	看護	主理	衣糧
〇	一	二	二	四	六
〇	四	三	四	三	七
	(十)三	(十)一	(十)三	(十)九	(十)一
八(四)	四(三)	〇	二(一)	二(一)	四(三)
七	三	〇	一	一	三
(一)一	(一)一		(一)一	(一)一	(一)一

(第一〇四)

20

0653

2000部 27・8・3 ［illegible］
1 ［illegible］

備考三、語学の素養を試験する為専門学又は教養学の一部を英語で出題することも考慮する

海上警備隊西曹員募集筆記試験問題の準備に関する事項

（昭二七、三、三）

一、試験問題の選定標準（単純）（西曹候）

(1) 筆記試験は凡て択一式試験とする

(2) 士官に対する試験問題は左の標準に依る（出題及び出題数）

区分	科目	出題数	記事
兵科	教養学	二〇	
	専門学	三〇	砲、水、航、運、通、電、測、空、機、等に関し概ね二―四題
法務科	教養学	二〇	

0654

100草　100部

備考一　兵科士官は其専門別に拘らず全一の試験問題に依るものとす。
備考二　各科士官は階級の上下に拘らず全一の試験問題に依るものとす。

（ハ）兵員に対する試験問題の出題数は次の標準に依る。

区分	科目	出題数
主計科	専門学	三〇
医科	教養科学	二〇
技術科	専門学	一〇
有士官	普通学	一〇
兵	教養学	二〇
	専門学	二〇
毛章又は新兵	普通学	二〇
	教養学	二〇
	専門学	一〇

一、普通学教養学は各科各専門を通じ全一の問題を課する
二、専門学は砲術、水雷、運用、信号、測的、気象、航海、内火、電機、工作、看護、主計、衣糧に区分し出題する

普通学は新制中学校卒業程度の問題を課するものとする。

二、試験問題の準備

(イ) 士官に対する問題

Y委員、委員附に割当て、各専門に応じ適当なる試験問題数問題を準備せしめる

又米側顧問団にも参考の為問題の準備方を依頼する

(ロ) 兵員に対する問題

Y委員、委員附及びA、B班補助員に割当て、適当なる問題を選定せしめる。

0655

(ハ) 以上選定に依りされた問題を教育分科会(委員)に於て最終的に決定し、各種試験問題の予案を保安庁教養課に移す、(Y委員会の承認を得て)教養課は試験問題の印刷、保管、試験場への発送等を凡て行うものとする。

備考　試験問題準備日程

期日	記事
三―七(金)	Y委員、委員附、A、B級満期者に問題の選定[redacted]の割当てを行ふ
三―十七(月)	右問題を教育分科委員会に取纏める
三―二四(月)	教育分科委員会で試験問題予案決定
	教養課に移す
三―二五(火)	印刷開始
四―七(月)	印刷終了
四―十(木)	試験問題を(各地)試験場へ発送する

三、試験問題（の担任）選定の割当て定む

附、士官に対する問題

科目	三正以上に適する問題	一士以下に適する問題
教養	~~青柳補~~、高田委員、山崎委員、小磯委員、高松委員補、篠田補、小林補	高松補、篠田補、小林補
砲術	山口補	山口補
水雷	長沢委員、吉田委員	吉田委員
航海	山本委員、永井委員	永井委員
通信	永井委員	永井委員

砲
運用、水測
砲術、信号
電信、電測
気象、機関
内火、主機
工作、[illegible]
応急、[illegible]

電測	航空	機関	通信	主計
中島中尉　市来崎中尉	永石少尉、堂内少尉、	秋元委員、安藤少尉　木村下士	福島少尉、高橋少尉	補充委員、
中島中尉　市来崎中尉	富士少尉	安藤少尉　木村下士	福島少尉　高橋少尉	秋岡[illegible]少尉

(ロ)兵員に対する問題
A、B級出用各兵員は適当な分担を行ひ右記事項別に三の題以上宛を問題選定の上Y委員会に

(ハ)提出すべきものとす
備考、尚兼ねて適当、教養[illegible]に対する問題の準備は教養係で行ふ。

一問題毎に解答一、誤解答二を作製し問題と共に提出する

(終)

21

0657

40p

所要人員の充員要領（昭和二七、三、八 決定）

来る四月二十日以降四月末迄に就役予定の所要人員に対する充員は左記方針で概ね善処努力することに（各関係者協議の結果）意見が一致した。

一、本年四月末迄に所要人員の乗員を充員する

二、右乗員の補充はC・P班一七四名を充てる外現保安庁職員中からも銓衡し不足分は部外から特別職を採用して充員する

0658

三、現保安庁職員中から銓衡し補充し得る員数の見込は二六五名以内である、東部外から特別職を採用し補充を要する員数は約一九〇名以上の見込である

四、三月末迄に配員を要する職員はCIP班から選出する（不足人員検閲科士官二名、掌議員五名は早急に保安庁内から銓衡しCIP班に補充する）

五、（保安庁内から選出補充し得る員数及びその所要員として四月二十日頃迄に）階級、事務別を至急調査する

（柳一〇四）

0659

六、二復は右以外の所要員を部外から採用する為速かに各地方復員局に必要な指令を行ふ

八、各地方復員局は復員者中から適任者を銓衡し四月十日迄に候補者名簿を二復に送付する

九、保安庁から配置転換した要員は四月十五日以降二十日迄の間に逐次横須賀に集合せしめ所要に配乗せしめる

十、部外から採用する特別職は四月二十日以降四月末迄に逐次横須賀に集合の上所要に配乗せしめる

0660

七、

乗組員は部外から採用することが困難な関係上その大部を保安庁から銓衡する

二、右所要数は練習船隊の基幹とあるものであるから乗員の選定特に士官乗員の選定に充分意を用いる。

三、二隻側は一応別紙第一、第二の所要員全部の銓衡を行い置き第一保安庁から選出させれる要員が予定数より減じた場合にも直ちにこれに応じ得る準備を整えて置く

(略)

50部 ~~20部~~

別表第二

所四隻の乗員補充資料（士官）

以下略

配置別＼階級	少佐 定員	少佐 現員	少佐 所要	大尉 定員	大尉 現員	大尉 所要	中尉 定員	中尉 現員	中尉 所要	少尉 定員	少尉 現員	少尉 所要	計 定員	計 現員	計 所要	記事
艦長	4	2	2										4	2	2	兵科士官適宜
副長				4	1	3							4	1	3	航海出身者可とす
戦務長							4	2	2				4	2	2	砲術出身者可とす
機関長							4	2	2				4	2	2	
通信長										4	1	3	4	1	3	甲板士官に立ち得る者少なきこと
砲術長										4	2	2	4	2	2	

0661

海上保安庁

甲板士官	應急長	主計長				合計
						4
						2
						2
						4
						1
						3
						8
						4
						4
4	4	4				20
2	2	1				8
2	2	3				12
4	4	4				36
2	2	1				15
2	2	3				21
砲術出身者可とす	機関出身者可とす					

別表第二 所要員補充資料（科員）

(廿)科長

階級	専修別	砲術	射撃幹部	運用	運用（應急）	運用（操舵）	信號	電測	電信（兵器）	電信	水測	兵科無章	掌機（主機）
上曹	定員	4		4			4						4
	現員	6	1	3			4	1	1	2	1		4
	所要員	0		1			0						0
一曹	定員	4	4	4	4		8	4	4	4	4		12
	現員	(2)2	0	1	0	2	3	1	1	1	0	(2)4	3
	所要員	0	3	3	4		5	3	3	2	3		9
二曹	定員	8		8		4	4	8		8	8		20
	現員	(4)	1	1	2	2	1	4		3	2	(4)6	4
	所要員	(2)8		7		0	3	4		4	6		16
三曹	定員	12	4	12	4	8	.	12	4	12	12		20
	現員		0	1	0	1	1	1		1		3	
	所要員	12	3	11	2	7		10	3	11	12		17
上兵	定員					8	4	4				56	
	現員					1	1	0				4	3
	所要員					4	2	4				39 (33)	
一兵	定員							8				68	
	現員					3		0				14	
	所要員							8				54	
合計	定員	28	8	28	8	20	20	36	8	24	24	124	56
	現員	(6)8	2	6	2	9	10	7	2	7	3	(6)31	14
	所要員	20 (14)	6	22	6	11	10	29	6	17	21	93 (99)	42
記事		上曹6の内4は特少及兵曹長、( )内は養成中の掌砲兵を示す	上曹は兵曹長 何れも掌測的	要すれば掌砲、掌水にて補充差支なし				上曹1は特少、現在員中要所出身は2名	現在員の上記は気象出身			( )内は掌砲兵	兵は無章

0662

合計				看護	主計科無章	掌衣糧	掌経理	機関無章	工作（板金）	工作（鍛冶）	電路	電機	掌機（缶）
28						4						4	4
35				2		1	2					1	6
7						3						3	
88				4		8	8		4			4	8
21				1		1	0		0	1			
62				1		7	6		3			4	6
104						4	8			4	4	4	12
34				1		2	1		1	0	1	1	1
77						2	7			3	3	3	11
132						8	4					4	16
15						2	1	4					0
112						6	3					2	13
124				4	12		4	32					
24					6			4				2	3
86				3	6		4	24					
116					8			32					
30					5			8					
89					3			24					
592				8	20	24	24	64	4	4	4	16	40
159				4	11	6	4	16	1	1	1	4	10
433				4	9	18	20	48	3	3	3	12	30
					各司附の下士官以上とする	一曹は電信出身 二曹は無章 会計倉庫 衣糧は衣糧	上曹一は何れも信号及水雷出身 二曹は工作出身 経理は庶務				内火出身者 掌側的幹部充当を可とす	4名中電機出身は上兵2名のみ 上曹の兵曹長のみ基礎員可能	上曹6中3は兵曹長 掌缶出身は上曹中5名 兵は無章

22

0663

50
27-3-7

海上警備隊乗員受験資格について

(1) 海上警備隊乗員の受験資格については次の四案より決定する。

第一案：受験資格に年令、学歴、および学歴に応じての経歴を加えるものとす。(別表1)

第二案：受験資格に年令、学歴および二士以下については学歴に応じての経歴を加えるものとす(別表1参照)

第三案：受験資格は年令、学歴のみとし経歴は考慮しない。(別表2)

第四案：学歴に応じた経歴を基準としたもの。(別表3)

(2) 別表中学歴欄のうちA，B，C……Fとは次の諸学校を示す。

A：海軍兵学校、海軍機関学校、海軍経理学校

0664

B：高等商船学校本科、水産講習所ならびに函館水産専門学校の遠洋漁業科および専攻科

C：無線電信講習所本科、高等科および通信専攻科、その他之と同等以上と認められるもの。

D：商船学校、高等商船学校専科。

E：旧制甲種中等学校、新制高等学校（商船高等学校を含む）旧海軍各種高等科（特修、特別幹部、予備飛行術を含む）および甲種飛行予科練習生の教育機関。

F：高等小学校、新制中学校、旧海軍各種普通科
旧制乙種中学校、旧海軍乙種飛行予科練習生の教育機関

〔註〕1 以上に該当せぬ諸学校の卒業（修了）者は該当項目まで序正を繰り下げるものとす。

100 000 高木納

海上保安庁

2. 修正かつなお本表により難いときは旧海軍々人の階級およびその任官時期によって受験資格を与えることが出来る（別表4参照）

〔3〕年令の計算は例えば26才以下とは（大正15年3月31日以降出生のもの）満26才未満のことである。

〔4〕別表中学歴欄のうち学歴年数の換算率は社会通念上明らかに学校卒業後の経歴の職務内容が海上警備官としての職務に対するの関聯性の程度により別に基準を作成するものとす。

〔5〕受験級階の欄のうち甲、乙、丙、丁とは、正、士、士補、員を表わすが、試験公告にはこの区分か、若しくは階級区分のいづれか一つを採用するものとす

J665

10

(6) 階級に応じて在来年限又は経験年数経験なる再検討を必要とする
それらの一つを基準として
この方法は履歴書を提出する方法をとるものとす。

海上保安庁

100 000 高木納

格一覧表

応じた年金，停止，および停止に応じての在任を

および在任

C		D		E		F	
卒業年月	在任年数	卒業年月	在任年数	卒業年月	在任年数	卒業年月	在任年数
12-3以前	7年6月以上	13-5以前	7年以上				
16-12〃	5年6月以上	17-7〃	4年6月以上	9-3以前	9年以上		
22-3〃	2年6月以上	18-7〃	4年以上	13-3〃	7年以上	8-3以前	9年6月以上
25-3〃	1年以上	20-9〃	3年以上	16-3〃	5年6月以上	11-3〃	8年以上
26-3〃	6月以上	26-1〃	6月以上	20-3〃	3年6月以上	15-3〃	6年以上
				23-3〃	2年以上	18-3〃	4年6月以上
				26-3〃	6月以上	20-3〃	3年6月以上
				27-3以前	不要	22-3以前	不要
						25-3〃	〃
						26-3〃	〃
						27-3〃	〃

0666

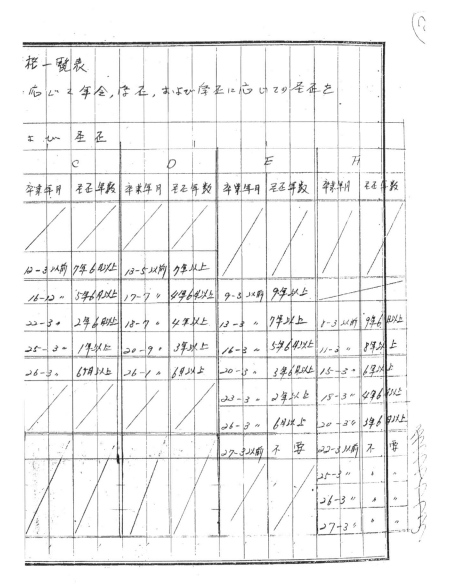

別表１

海上警備隊官員受験資

昭和２７年４月１日現在に於て受験段階に

~~[illegible]~~を満足せねばならない

段	資格 階		年令	学歴 A 卒業年月	学歴 A 在任年数	学歴 B 卒業年月	学歴 B 在任年数
甲	一	正	別に定めず	5-11以前	~~11年以上~~ 5年以上	7-2以前	10年以上
	二	正	45才以下	9-11 〃	~~[illegible]年6月以上~~	11-6 〃	8年以上
	三	正	〃 〃	15-8 〃	~~[illegible]年6月以上~~	16-9 〃	5年以上
乙	一	士	40才以下	18-9 〃	4年以上	19-4 〃	4年以上
	二	士	35才以下	20-3 〃	3年6月以上	23-3 〃	2年以上
	三	士	〃	20-10 〃	3年以上	26-3 〃	6月以上
丙	一	士補	30才以下			27-3 〃	不要
	二	士補					
	三	士補					
丁	員	長	21才以下				
	一	員	〃				
	二	員	〃				
	三	員	〃				

海上保安庁

100 000 高木納

別表第2

0667

海上警備隊員受験資格

昭和27年4月1日現在に於て受験階級に応じて、年令、任官若しくは旧海軍の階級を満足せねばならない。

	資格 / 階級	年令	任官 A および その卒業年月	B 〃 〃	C 〃 〃	D 〃 〃	E 〃 〃	F 〃 〃
甲	一 正	別に定めず	昭和 5－11 以前	昭和 7－2 以前	――	――	――	――
	二 正	45才以下	9－11 〃 〃	11－6 〃 〃	――	――	――	――
	三 正	〃 〃	15－8 〃 〃	16－9 〃 〃	昭和 12－3 以前	昭和 13－5 以前	――	――
乙	一 士	40才以下	18－9 〃 〃	19－4 〃 〃	16－12 〃	17－7 〃	昭和 9－3 以前	――
	二 士	35才以下	20－3 〃 〃	23－3 〃 〃	22－3 〃	18－7 〃	13－3 〃 〃	昭和 8－3 以前
	三 士	〃 〃	20－10 〃 〃	26－3 〃 〃	25－3 〃	20－9 〃	16－3 〃 〃	11－3 〃 〃

(4)

乙	一士	40才以下	18-9〃〃	19-4〃〃	16-12〃	17-7〃	昭和9-3以前	—
	二士	35才以下	20-3〃〃	23-3〃〃	22-3〃	18-7〃	13-3〃〃	昭和8-3以前
	三士	〃　〃	20-10〃〃	26-3〃〃	25-3〃	20-9〃	16-3〃〃	11-3〃〃
丙	一士補	30才以下	—	27-3〃〃	26-3〃	26-1〃	20-3〃〃	15-3〃
	二士補	〃	—	—	—	—	23-3〃	18-3〃
	三士補	〃	—	—	—	—	26-3〃	20-3
丁	員長	21才以下	—	—	—	—	27-3〃	22-3
	一員	〃	—	—	—	—	—	25-3
	二員	〃	—	—	—	—	—	26-3
	三員	〃	—	—	—	—	—	27-3

別表3

海上警備隊受験資格一覧表

次の表に示す段階，學歴区分毎に，年令，経験年数を必要とする。

資格＼段階		年令	學歴に応じた経験年数 A	B	C	D	E	F
甲	一正	別に定めず	17年以上	16年以上				
	二正	45才以下	14年以上	12年6月以上				
	三正	〃	9年以上	8年以上	12年以上	11年6月以上		
	一士	40才以下	6年6月以上	6年以上	8年以上	11年以上	14年以上	
	二士	35才以下	5年6月以上	3年以上	4年以上	7年以上	11年以上	15年以上
	三士		5年以上	6月以上	1年6月以上	5年以上	8年6月以上	12年6月以上
	一士補			不要	6月以上	6月以上	5年6月以上	9年6月以上

0668

	二士補	30才以下					3年以上	7年以上	
	三士補						6月以上	5年6月以上	
	員長								
	一員	21才以下					不	不	
	二員						要	要	
	三員								

100 000 高木納

海上保安庁

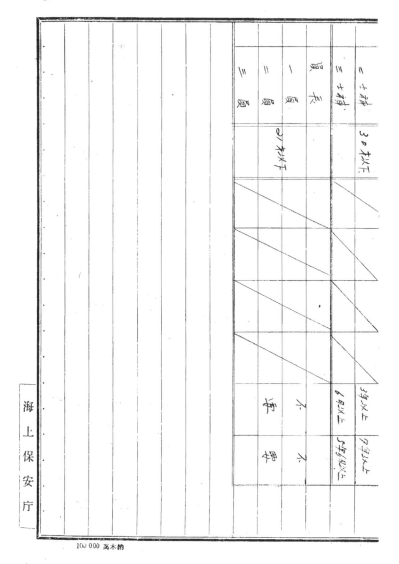

別表4

旧海軍々人の階級による基準案

旧階級 / 任官期	大尉	特大尉	中尉	特中尉	少尉	特少尉	兵曹長	上曹	一曹	二曹	兵長	上兵
18、11、1以前	三正	三正	一士									
19、9、15以前		一士	一士	一士								
19、11、1以前		一士		一士	二士		三士	一士補	二士補			
20、7、15以前					二士	二士	三士	一士補		三士補	兵長	一員

備考、

1、この表は学歴区分による基準により難い場合に用いるものとする

2、この表は終戦后の職務経歴が一応海上警備官としての職務に役立つと認められるものを基準としているもので無関係の経歴のある場合は実情に応じて調整する

3、海上保安庁職員より切替わる者については権衡を考慮して一階級上位に格付することができる

海上保安庁

0669

第一回海上警備隊要員募集計画案

一、採用人員

イ、一等警備正以上　約[illegible]名

ロ、二等警備正　約六〇名

ハ、三等〃　約一二〇名

ニ、一等警備士　約一八〇名

ホ、二等警備士・三等警備士　計約二八〇名

ト　E七　一士補　約二五〇名

チ　E六　二士補　約三五〇〃

リ　E五　三士補　約一九〇〃

ヌ　E四　警備員長　約二七〇〃

ル　E三　一員　約一七〇名

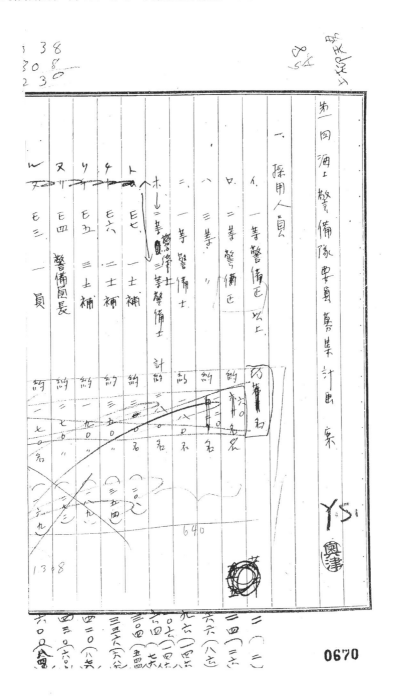

6
5

オ　E二　二員　許二二〇名（一二六）

ウ　E一　三員　〇

看護婦　総九名（廿二）

Total 1948

但し三五〇二名中ABC班該当数は差引かれるものとする。

（内は総員数である。）

なお総員五八〇八名の外に二三〇名の陸上要員がある。

二、要員資格

別紙に依る。

但し欠格条項は国家公務員に準ずる。

海上保安庁 佐...

海上保安庁

100 000 高木納

三五〇二（五八〇八）

五六〇（三七六）

六九二（一二〇）

三、試験期日

・第一次試験　昭和二十七年四月二十七日（日）

第二次　〃　〃　四月二十八、九日（月・火）

四、試験地

~~各管区海上保安本部所在地~~

小樽、塩釜、横浜、名古屋、神戸、廣島、高松

門司、鹿児島、舞鶴、新潟　の十一ヶ所

五、申込方法

イ、申込用紙交付場所

海上保安庁、各管区海上保安本部、各海上保安部

各警備救難署

0671

ロ、申込先

本人の希望する試験地の管区海上保安本部 または、

海上保安部

ハ、交付書類及び提出書類

(一)試験公告、

(二)申込書二枚、

(三)受験票

(四)経歴明細書。

海上保安庁

100 000 高木納

六、試験の内容、

イ、第一次試験、

二等警備正以下について行ひ、一般教養及び専門知識に関する筆記試験、とし、一(定)点の得点に満たない者は不合格とする、

種別及び題数については別記する

註、一般教養 五〇題、専門 三〇題 計八〇題程度とし

一般教養は士官、官補(科員)の二種類、専門知識は士官は航海系統、機関系統 板 主計 の四種類、官補は各科別に細分する

0672

ロ、第二次試験

第一次試験に合格した者についてのみ行う

(イ) 身体検査

海上保安庁身体検査規程を準用し厳重に実施する

(ロ) 口述試験

評定項目を研究し成績を点数で表す、

七、結果処理

イ、官職の決定

試験終了后本庁において受験者の希望、経歴に応じて官職（一、二、三等の別）を決定する。士官の経歴は経歴評定を実施し点数にて表す

教員については官職別に受験せしめる

ロ　順位の決定

官聴決定后、筆記、口述、（士官については更に経歴）の点数を加算して成績とし順位を決定する。

この際、筆記、口述、~~身体~~（経歴）のウエイトは官聴により異なるものとする。

八　身上調査

~~合格者決定と同時に~~第二次試験の際身元調査票を交付して本籍の市区町村長あて発送させる（又は身分証明書の提出）

合格者決定と同時に合格者の居住する地区の警察署長

0673

あてに・調査を依頼し　不都合な結果が発見された
場合は入隊後に於ても採用を取消す。

九　合格の発表及び採用

イ　発表
第二次試験の際入隊案内書を配布する
五月十七日　合格者に電報通知する
五月二十日頃　各試験地に合格者名簿を掲示する

ロ　採用
名簿の取扱は人事院規則　に準じ五月
二十六日入隊せしめる

一、六〇三八名は一回の採用試験で確保し三回に分けてそれを入隊せしめるや、それとも採用試験を入隊時期毎に三回に分けて行い六〇三八名を採用するや。

二、口述試験は本部で行うや、それとも各試験地において行うや、若し各地で行う方法は各人に旅費を支給する場合理想的と思う。せめて士官はこの方法にしたい。

三、試験問題は三答択一でなく五答択一にしたい。してなお採点法は一題を二分ずつ三分一平均であるから少くとも

0674

八、口頭試問で二修同半ないし三修同位のものにしたい。
特に専門学を要しない者は二の程度でよい

四、（今の又士官の専門学又は〔兵科〕は甲校及び校長の二区分とするか）
士官の専門学の試験問題も科目別にその
砲術、水雷、通信、普通の各専門別に問題集をつくる必要はないか。

五、[illegible]

五、各階級の受験資格を各学校の卒業席次一定とすべきか、それとも卒業席次の一定範囲を加味すべきか
加味するとすればどの程度か

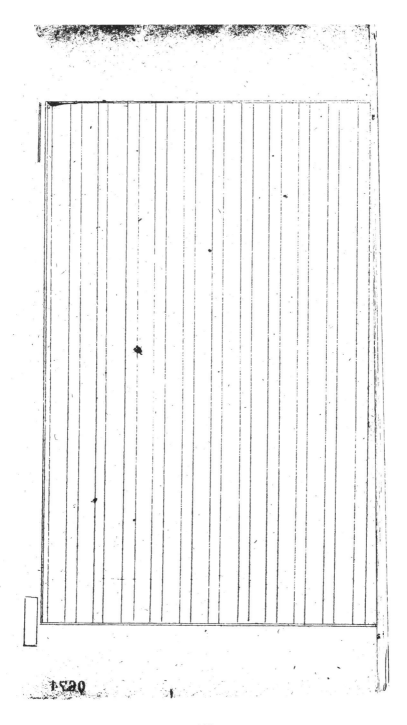

い。六、受験資格に学歴と経歴を必要としない場合は

ないか。

七 兵科以外の各科即ち技務科、主計科、医科、技術科の募集はするのか。この定員及び定数のわりふりはどうか。

八 通信術要用の学校卒業生ないし通信術専門の学歴と経歴のみを有する者を兵科の士官とするか。例えば電波大学の卒業生など。

0675

九、各幕僚の局長会議参加は如何

十、別書中のA、B、C、D、E、F、の各種学校別グループ化は適当か、

（十一）、海上保安官が海上幕僚監部を希望する時は逆作用するか、二の一般公募の試験れらの作用をするか。

十二　俘虜及待遇を公告しちいちいが如す

十三　予算上の定員数は当方の要望する人員数より~~あまり~~も甚だ~~低小のものあるが~~少いし
のものあるが要員採用にあたつて将来の附
予め削減傾向を見越し来年度に
於ては

0676

(イ)　陸上当面、艦船隊司令部要員を
充員して Y 機構の要点を重視し

~~(ロ) 艦艇（陸上言語者要員教導班の増[illegible]を要し要とする）~~

(ロ) 艦船艦艇の充員は(イ)の完結[illegible]全力で行ひ
陸上所要隻数 LS 二〇隻程度を充員することに
LS 三〇隻は後方補給艦とする

12 上方針の一部を改める

警備関係要員定員増加表

階級/月	監	一飛	二飛	三飛	一士	二士	三士	一士補	二士補	三士補	員長	一員	二員	三員		計
4	2	2	19	30	25	34	49	54	25	30	30	30	10	10		350
5			5	26	51	52	10	190	261	345	350	500	582	~~2652~~ 280		2652
6				10	20	20	5	60	50	45	50	70	100	70		500
7																
8																
9			1	10	25	20	6	120	175	229	85	120	254	108		1153
10																
11																
12																
1			1	10	25	20	6	120	175	229	85	120	254	108		1153
2																

計	3
2	
2	
26	
86	
146	
146	
76	
544	
686	
878	
600	
846	
1200	
676	
5808	

海上保安庁

100 000 高木納

0677

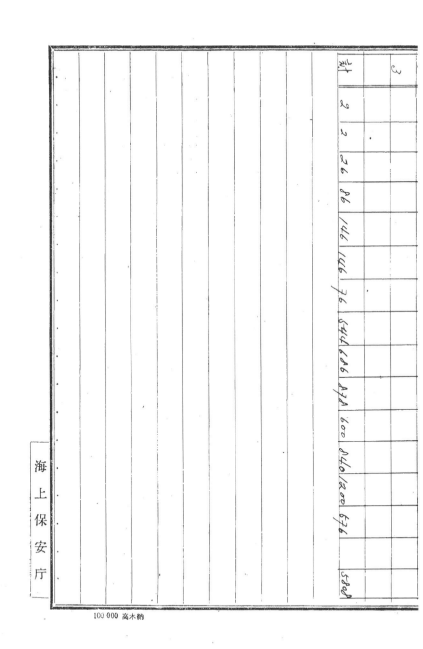

○80部
27-3-11
作製寺井事務官

海上警備官採用試験受験資格案

昭和27年4月1日において次に示された三つの系のうち最も受験者にとって有利な系を適用させ受験資格を決定させる

但し表中の事項区分略号はそれぞれ次に示す諸学校の学業系を表明する

A. 元海軍兵学校　元海軍機関学校　元海軍経理学校

B. 商船学校本科. 水産講習所並びに附属水産専門学校の遠洋漁業科及び専攻科

C. 無線電信講習所本科. 高等科. 及び通信専攻科. その他これと同等以上と認められるもの.

8○部
27-3-
作製
寺井事務官

D. 商船高等学校、高等商船学校専科。

E. 新制高等学校、旧制甲種中等学校、旧海軍各種高等科（特修
特別幹部（予備飛行術を含む）練習生、及び甲種飛行予科
練習生、

運輸省
F、海員養成所

G. 新制中学校、旧制乙種中等学校、高等小学校

H. 学力を問はない。

100 000 高木納

海上保安庁

0678

第一表（学校卒業年度によるもの）

学丁区分に示された諸学校を所定卒業年月以前に卒業した事を要する

段階　資格	年令	学丁区分 A	B	C	D
一等海上警備正	50才未満	昭和5年11月以前	7－2以前		
二等海上警備正	45才〃	9－11〃	11－6〃		
三　〃	〃	15－8〃	16－9〃		13－5以前
一等海上警備士	40才〃	18－9〃	19－4〃		17－7〃
二　〃	〃	20－3〃	23－3〃	22－3以前	18－7〃
三　〃	〃	20－10〃	26－3〃	25－3〃	20－9〃
一等海上警備士補	35才〃		27－3	26－3〃	26－1〃
二　〃	〃			27－3	27－3〃

但し卒業後の経了により採用の際に一級上位の段階に格付されることがある

第二表、（学力及び卒業后の経験年数によるもの）

学力区分に示された学校を卒業后それぞれ所定の経験年数関連業務に勤務した事を要す。

但し各種業務に従事した期間は大約次の基準により関連業務として換算する

海軍に於ける軍人、海上勤務に於ける経験	100%
陸軍軍人、警察官、海事関係会社（造船、運輸等）	90%
一般事務に於ける管理、監督的業務	80%
自家営業、農業	50%
療養、無職	25%

段階＼資格	年令	学歴区分			
		E	F	G	H
一等海上整備士補	35才未満	10年以上	12年以上	16年以上	18年以上
二	〃	8	10	14	16
三	〃	6	8	12	14
整備員長	25〃	4	6	9	10
一等海上整備員	〃	2	3	7	8
二　〃	〃	不要	不要	3	4
三　〃	〃			不要	不要

第三表（旧海軍階級による表）

旧海軍に於ける ~~[illegible]~~ 階級及び任官期がそれぞれ所定のものであること。

段階 資格	年令	任官期			
		昭18.11.1以前	昭19.9.15以前	19.11.1以前	20.7.15以前
三等警備正	45才未満	大尉、特大尉、			
一等 〃 士	40才〃	中尉	中尉、特中尉	特中尉、	
二 〃	〃			少尉、	少尉、特少尉
三 〃	〃			兵曹長	兵曹長
一等警備士補	35才〃			上曹	上曹
二 〃	〃			一曹	
三 〃	〃				二曹
警備員長	25才〃				兵長
一等警備員	〃				上兵

100.000 高木納

23

0681

50
27-3-

海上警備隊員募集に関し各地方復員局に対する要望　（昭二七、三、一六）

一、所四年度に対する案員
別表第二の所要員数を各地復で銓衡四月下旬迄に入隊せしめる

二、別表第三の数員予定者を各地復で予め銓衡し置き五月下旬頃横須賀に入隊せしめる

備考　該員予定者は成るべく高等科マークを希望する随て陸海は（一印の者は）別表記載のものよりも若干高くあることも予想する

0682

カ1ス ア一 ア二
ア三

復員省

(一〇四)

0683

別表第三、教員予定者として五月上旬入隊すべきもの。

(一)總計

階級	總員数	専門別 甲板	機関	工作	衛生	主計	記事
上曹	一七〇	一〇〇	四五	五	一〇	一〇	
一曹	一三〇	七〇	三五	五	一〇	一〇	
二曹	/		/	/	/	/	
計	三〇〇	一七〇	八〇	一〇	二〇	二〇	

0684

(二) 甲板員内訳

		上曹 一曹 二曹
教修制	航術	四〇
	水測	二〇
	運用	三〇
	信号	二〇
	電信	三〇
	電測	二五
	気象	一五
計		一七〇

(三) 機関員内訳

		上曹 一曹 二曹
機修制	機関	四〇
	内火	三〇
	電機	一〇
計		八〇

（四）主計要員内訳

経理一〇、衣糧一〇名

0686

0687

24

0688

中央機構及配員表

	海上警備官						一般	小計	合計
	監	監補	一正	二正	三正	1〜3士	7級以下	計	計
総監	1							1	1
副総監	1							1	1
総務部		1						1	
総務課			1	3	2	6	2	14	28
人事課			1	2	3	6	1	13	
~~給与課~~								X	
警備~~課~~		1						1	
警備課			1	2	2	2	1	*8	27
訓練課			1	1	1	2	1	6	
情報課			1	1	1	2	1	6	

経補部		1						1	
経理課			1	1	1	6	1	10	23
補給課			1	1	2	6	2	12	
技術部		1						1	
管理課			1	2	3	3	1	10	24
造修課			1	3	3	4	2	13	
施設課								/	
合計	2	4	9	16	18	37	12	/	98

0689

部
員表（案）

3
27-4-
永久保

官									其の他の職員									小計	合計
			一			二三													
																		1	1
																		1	1
																		1	
F	G	H		I					J	K	L	M						14	29
F	G	H							I	J								11	
																		3	
																		1	
G				H	I				J	K								12	30
D	E	F							G	H								9	
D				E					F	G								8	
																		1	
F	G	H	I	J	K	L	M	N	O	P	Q	R	S	T	U	V	W	24	43
F	G	H		I	J	K	L		M	N	O	P	Q					18	
																		1	
F	G								H	I								10	2
H	I								J	K								12	
B																		3	
																			13
				36							30								

0690

海上警備隊總監
~~中央機構~~（配

区分		監	監補	一正	二正				三正		
總監		監									
副總監		監									
總務部			長								
	總務課			長	A	B			C	D	E
	人事課			長	A	B			C	D	E
	給与課				長				A	B	
警備部			長								
	警備課			長	A	B	C		D	E	F
	訓練課			長	A				B	C	
	情報課			長	A	B			C		
經理部			長								
	經理課			長	A	B	C		D	E	
	補給課			長	A	B			C	D	E
技術部			長								
	管理課			長	A	B			C	D	E
	船舶課			長	A	B	C	D	E	F	G
	施設課				長				A		
合計		2	4	9	23				26		

海上保安庁

高木納

25

0691

海上警備隊総監部事務分担表（案）（二七、四、一〇）

區分（部・課）	配置	定員 警備	定員 一般	分担事項
總監	監	監		
副總監	監	監		
總務部	部長	監補		部務の統轄
總務部 總務課	課長	一正		一、海上警備力の整備一般 二、制度関係一般 武器、機関の種類、形式
總務部 總務課	A 課員	二正		一、所要海上警備力の充実計画 二、船艇、航空機、[redacted]の選定並に整備に関する事項 三、物資の補給計画に関する事項 改善
總務部 總務課	B 〃	二正		一、規律、風紀、勤務 二、儀式、礼式、服制、服装、旗章、貴牌及徽章 三、[redacted]の機関、査察に関する事項

0692

総務部			
総務課			
C 課員	〃 C	〃 D	〃 E
二正	三正	三正	三正
一、船艇及部隊の平時並に非常時編制 二、船艇の本籍及所属 三、船艇の任務並に修理に関する事項 削除	一、船艇部隊、官衙及学校の建制 二、船艇部隊、官衙及学校の定員制定 三、非常事態宣言に関する事項 四、法人及組合 本籍及び所属	一、諸制度法規一般の案畫 二、表彰、行刑、懲罰、懲戒、恩赦に関する事項 三、非常事態、諸法令に関する事項 四、訴訟、訴願、補償、賠償に関する事項 五、思想調査並に取締に関する事項	一、他の各部課に属しない総務に関する事項 二、國會及び各官廳との連絡に関する事項 三、日本駐留軍当局及外國大公使館附武官との折衝に関する事項 四、各種會議に関する事項 五、弘報、宣伝に関する事項 六、電信所並に電報及暗送文書の處理に関する事項

0693

2

F課員	G〃	H〃
一士	一士	一士
一、他の各部課の所掌に属しない事項に関する事項 二、官報、公報、告示に関する事項 三、機密費に関する事項 四、総監、副総監の直接要務並に差使随行 五、官印の管守	一、決裁を要する書類の取扱 二、公文書類の接受發送及公文の浄書 三、記録、翻訳、印刷及公文書の保存整理 四、統計及年報に関する事項 五、機密図書の保管 六、差使随行	一、総監部自動車の整備、利用、運転士の管理 二、構内の防備、保安 三、構内施設の保全、利用 四、電話交換所に関する事項 五、守衛及傭人の管理 六、構内当直並に風紀の取締に関する事項

0694

總務部				
總務課			人事課	
課員 I	〃 J	〃 K	課長	課員 A
二三士			一正	二正
	十一級	七級		
一、他課員補佐 二、特命事項	一、文案（特に法令に關する事項）の審査 二、國際法規 三、國内法規	一、他課員補佐 二、特命事項	一、人事行政全般 二、一等、二等警備正並に十級職十二級、十一級、十級職の（特別）任免補職	一、部員の企画統制（甲板関係） 二、三等警備正以下士官の任免補職 三、九級職以下の十級職の任免補職

0695

3

B 課員	C 〃	D 〃	E 〃
二正	三正	三正	三正
甲板関係特務士官准士官下士官兵の任免補職 三等警備正以下甲板関係以外の士官、士補及び兵員の任免（の任免補職並びに人事上関係） 兵員に関する事項	甲板関係特務士官准士官士補及び兵員の任免補職 兵員に関する事項	一、警備員及び警備官以外の特別職の充足養成一般計畫 二、進級並に資理計畫 三、人事に関する制度法規	一、統計及平報資料の調製 二、学生、隊員の募集採用に関する事項 九級以下の警備官以外の特別職の任免補職 三、休職者の身上に関する事項

0696

總務部

人事課

F課員	一士		B課員補佐
G〃	一士		C課員補佐
H〃	一士		D課員補佐
I〃		五級	課長補佐
J〃		四級	A課員補佐

0697

4

給与			
課長	課員 A	B 〃	C 〃
二 正	三 正	三 正	三 正
身上並びに職員援護に関する一般方針	一、給与関係制度法規 二、恩給、退職賞与に関する事項	医務、衛生に関する事項 ~~三、拝謁、参賀、参拝、拝観、御陪食、御陪宴、叙位、~~ ~~叙勲、記章、褒章、賞賜其の他身上に関する事項~~ ~~五、雇員傭人の身上に関する事項~~	一、救恤、福祉 二、雇員傭人の身上に関する事項 三、死殁者に関する事項 四、死殁者の遺族に関する事項

0698

O
C

課

D 〃	E 〃	F [illegible] 〃	G [illegible] 〃	H [illegible] 〃
一十	一十			
		五級	四級	四級
一、共濟組合に關する事項 二、部外援護團体に關する事項 三、統計、年報資料	醫務衛生に關する事項 課長補佐	課長技官 A 課員輔佐	B 課員輔佐	C 〃

0699

5

部	警				備	
	警					
長	課長	課員 A	A"	B	C"
監補	一正	二正	二正		三正
部務の統轄	海上警備の基本方針に関する事項 [illegible] [illegible] [illegible]	一、警備計画 二、与国との協同に関する事項 三、警備力所要量に関する事項	一、船艇及び部隊の平時並びに非常時編制 二、船艇の任務並びに行動に関する事項 三、非常事態宣言に関する事項	三、防空に関する事項	一、警備計画の一部 二、海上護衛に関する事項

0701 0700

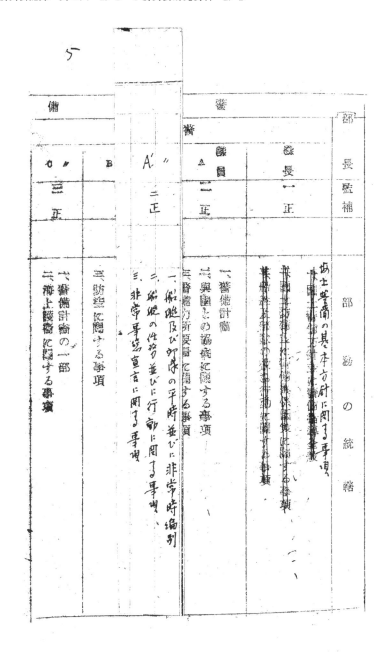

O
C

課

D 〃	E 〃	F [illegible] 〃	G [illegible] 〃	H [illegible] 〃
一士	一士			
		五級	四級	四級
一、共済組合に關する事項 二、部外援護團体に關する事項 三、統計、年報資料	~~警察衛生に關する事項~~ 課長補佐	~~課長代理~~ A 課員補佐	B 課員補佐	C 〃

0699

5

警備部

部長	警備課 課長	警備課 課員 A	警備課 課員 B	警備課 課員 C
監補	一 正	二 正	二 正	三 正
部務の統轄	海上警備の基本方針に関する事項 ~~一、国土[illegible]計画[illegible]警備[illegible]~~ ~~二、国土[illegible]に[illegible]警備[illegible]に関する事項~~ ~~三、[illegible]の[illegible]に関する事項~~	一、警備計画 二、与国との協力に関する事項 三、警備力所要量に関する事項	一、警備計画の一部 二、航空に関する事項 三、防空に関する事項	一、警備計画の一部 二、海上護衛に関する事項

0701 0700

部

備　　　課

D〃	E〃	F	G	H	I	J
三正	三正	一士	三三士	〃		
					五級	四級
一、警備計畫の一部 二、警察予備隊との協同に關する事項	一、警備計畫の一部 二、通信に關する事項	一、警備記錄 二、特命事項	一、課長補佐 二、特命事項	一、A課員補佐（及びA） 二、特命事項	一、B、C課員補佐 二、特命事項	一、D、E課員補佐 二、特命事項

0702

6

警備

訓練

課長	A 課員	B 〃	C 〃	D 〃
一正	二正	三正	三正	一士
~~共~~、教育訓練全般に關する事項	一、船隊の~~排~~（訓練）、演習、検閲に關する事項 ~~二、機密保持に關する事項~~ 三（~~二~~）、運動程式、教範、操式に關する事項 ~~陸軍部隊との協同に關する事項~~	一、各種（整備）術科教育の企畫指導に關する事項 二、各種術科学校に關する事項 三、~~術科~~隊員の養成教育に關する事項 ~~四、部外教育との連繫に關する事項~~	一、通信術、測的術、電探術、水測水中術に関する事項 二、操式教範の一部（通信術、測的術、電探術、水測水中術） 三、信号書、暗号書に関する事項	一、砲術、機雷掃海術、航空に關する事項 二、操式教範の一部（砲術、機雷掃海術、航空）

0704 0703

部

備　　　課

D〃	E〃	F	G	H	I	J
三正	三正	一士	三三士	〃		
					及五級	尤四級
一、警備計畫の一部 二、警察予備隊との協同に関する事項	一、警備計畫の一部 二、通信に関する事項	一、警備記録 二、特命事項	一、課長補佐 二、特命事項	一、A課員補佐（及びH） 二、特命事項	一、B、G課員補佐 二、特命事項	一、D、E課員補佐 二、特命事項

0702

6

警				備
訓				練
課長	A 課員	B 〃		D 〃
一正	二正	三正		一士
~~一、~~ 教育訓練全般に関する事項	一、船隊の~~指揮~~（訓練）、演習、検閲に関する事項 ~~二、機密保持に関する事項~~ 三、~~三、~~運動程式、教範、操式に関する事項 ~~四、[illegible]に関する事項~~	一、各種術科教育の企画指導に関する事項 二、各種術科学校に関する事項 三、~~[illegible]~~（警備）隊員の養成教育に関する事項 ~~四、部外教育との連繋に関する事項~~	運用術、~~陸戦~~術に関する事項 ~~の一部（航海術、運用術、陸戦術）~~	一、砲術、機雷掃海術、航空に関する事項 二、操式教範の一部（砲術、機雷掃海術、航空）

0704 0703

八

部					
課				情報課	
E〃	F〃	G〃	H〃	課長	A課員
一士	一士			一正	二正
		五級	四級		
一、航海術、通信術に關する事項 二、操式教範の一部（航海術、通信術）	一、機關術・工作術（應急術）に關する事項 二、操式教範の一部（機關術・工作術）（應急術）	一、他課員輔佐 二、特命事項	一、他課員輔佐 二、特命事項	情勢判斷並びに情報全般に關する事項	一、情報計畫に關する事項 二、東洋諸國の情報 三、東洋諸國の兵備資料の調査及び兵備要覧誌の整備

0706 0705

17

情報部		
B″	C″	D″
二正	三正	一七
一、東亜以外諸国の情報 二、東亜以外諸国の兵備資料の調査及び兵備要員養成の準備	一、国内情報 二、国内兵備資料の調査及び兵備要員養成の準備	課長補佐 ~~各列国技術情報の蒐集整備~~ ~~情報並びに謀略計画の一部（[illegible]）~~

0708 0707

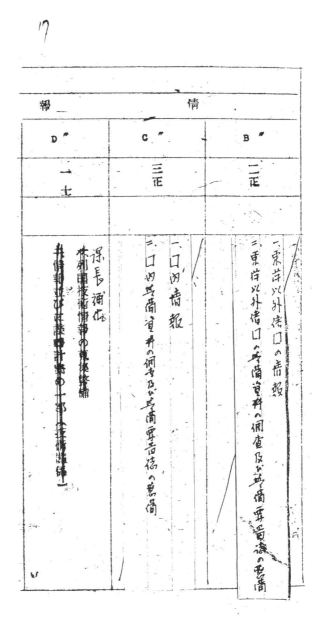

	H	G	F	
部				
課				
	〃	〃	〃	
			一士	
	四級	五級		
	一、他課員輔佐 二、特命事項	一、他課員輔佐 二、特命事項	一、機關術、工作術（應急術）に關する事項 二、操式教範の一部（機關術、工作術（応急術））	、測的術、電探術、對潜水艦術に關する事項 範の一部（通信術、測的術、電探術、對潜水艦術） 、暗號書に關する事項

勢判斷並びに情報
び國際計畫全般に關する事項
關する事項
國の軍事並びに國情調査及び關係國の兵要資料並
備要誌の整備
計畫の一部（關係國）に関する事項

0706 0705

17

情		部
		D″
		一七
国の軍事並びに国情調査及び関係国の兵要資料並備要圖の整備びに諜報計畫の一部（関係国）	の軍事並びに国情調査及び関係国の兵要資料並要圖の整備に諜報計畫の一部（関係国）	課長補佐 ~~本邦列国技術情報の蒐集整備~~ ~~並情報並びに諜報計畫の一部（技術関係）~~

0708 0707

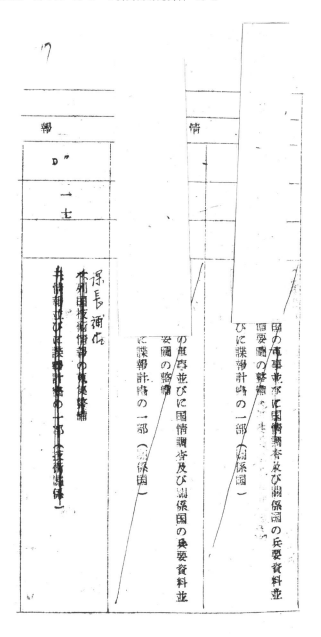

課			
〃 三	一一、三、十		一、警備要旨、警備要領の編纂各部配布に関する事項 二、部外各部との情報交換連絡に関する事項
〃		五級	一、[illegible]課員補佐 二、特命事項
〃		四級	一、他課員補佐 二、特命事項

0709

経理補給部					
部長	経理課				
	課長	課員 A	〃 B.	〃 C	〃
	一正	二正	一士	一士	・
部務の統轄	経理一般	一、予算の編成に関する事項 二、予算統制に関する事項（主として造修、施設関係物件費） 三、会計監査に関する事項 四、科目表に関する事項	一、予算統制の一部（造修、施設関係以外物件費） 二、決算、収入に関する事項 三、殊外収支、資金に関する事項	一、予算定員、教育に関する事項 二、予算統制の一部（人件費） 三、金銭会計法規の制定及び解釈に関する事項	一、物品会計法規の制定及び解釈に関する事項 二、金銭及び物品会計整理の監督 証明に関する法規の制定

0710

復員省

D　二正

及び解釈に関する事項
三、金銭及び物品会計処理の監督及び計算証明
四、契約に関する規程に関する事項
七、損害補償に関する事項

E"　三正

支出官所管の予算、決算、才入徴収官、所管才入事務に関する事項

F"　一七

一、支出及び収入の調査、催促に関する事項
二、収入官吏及び資金前渡官吏所掌経費の監査に関する事項

H"　二正

一、契約事務に関する調整、連絡に関する事項
二、船舶、武器、機械等の契約に関する事項

0711

A
又

I H〃	I〃	J〃	K〃	L〃	〃
十五	十三五	二三七	六三七	二三七	二二七
			七人		七級
一、用度、物品の契約に関する事項 二、車両、船舶、運搬の契約に関する事項 三、建築、工事、土地営造物の契約に関する事項 四、被服、糧食の契約に関する事項	一、燃料、潤滑油、油脂類の契約に関する事項 二、化学成品、薬品類、医薬品の契約に関する事項	A保員衛作	B保員衛作	C保員衛作	D保員衛作

0712

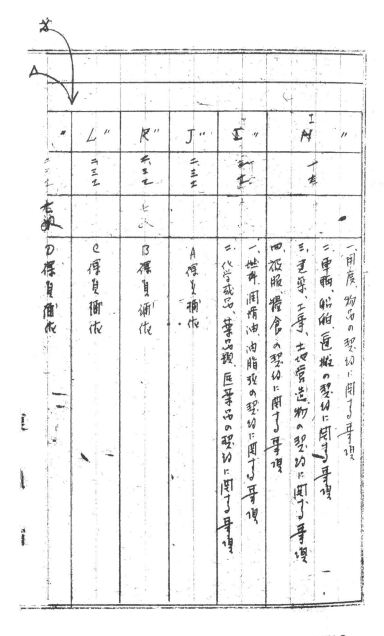

O 〃	P 〃	R 〃	N 〃	M 〃	R 〃	S 〃	T 〃
				六三七			
	五級	六級	六級		六級	五級	四級
	E係員補佐	E係員補佐	~~係員補佐~~	F係員補佐	G係員補佐	H係員補佐	I係員補佐
			一、小切手の発行及び被遇患者救恤の処理 二、職印及び私印の管守				

→ ✕

→ △

後

員

會

0713

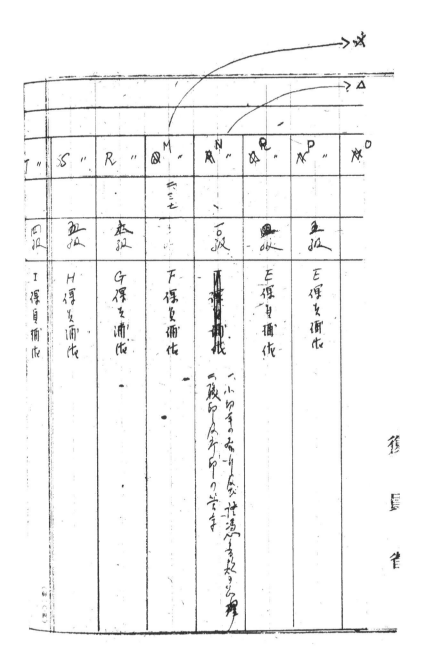

経理				
補給				
課長	課員 A	B 〃	C 〃	〃
一正	二正	二正	三正	
補給綜合計画一般	一、兵器、需品、消耗品の所要量の決定量に関する事項 二、同右　充足計画に関する事項 三、同右配備計画に関する事項	一、燃料の潤滑油需給計画に関する事項 二、燃料の関係生産施設に関する事項 三、燃料関係の研究実験並に技術指導審査に関する事項 四、燃料関係の調達保管に関する事項	一、被服の需給計画に関する事項 二、被服の調達保管に関する事項 三、被服の研究実験に関する事項	一、糧食の需給計画に関する事項

0714

補給部

課

	D	E	F	G	H
階級	三正	三正	一士	一士	一士
担当	二、糧食の調達保管に関する事項 三、糧食の研究実験に関する事項	一、需品の調達保管に関する事項 二、需品の研究、実験に関する事項 三、(A)課員補佐	(B)課員補佐	(C)課員補佐	(D)課員補佐

0715

I〃	三二士		(B)課員補佐
J〃	三二士		(A)課員補佐
K〃		六六級	A係員補佐
L〃		七七級	B係員補佐
M〃		六四級	C係員補佐
N〃		五四級	D係員補佐
部長			部務の統轄
課長	一正		技術ノ製造（修理）事務の綜合計畫竝びに統制
A課員	二正		一、船舶、航空機の造修予算の運用計畫ト 二、造修事務の統制 三、造[illegible]

0716

技術部									
管理課									
B 〃	C 〃	D 〃	E 〃	F 〃	G 〃	H 〃	I 〃	〃 H	〃 I
二正	三正	三正	三正	一士	一士	三士			
						七級	六級	五級	四級
一、船艇の計畫竝びに諸試驗に關する事項、 二、艤裝方針に關する事項	一、船艇の兵裝（武）裝備計畫に關する事項、 二、武器に關する造修計畫	一、研究實驗の一般方針、 二、研究實驗に關する綜合事務竝びに技術調査	A係を補佐	B係を補佐	D.C係を補佐	A係を補佐	B係を補佐	C係を補佐 特命事項	D係を補佐 特命事項

0717

造船

職	人員		担当事項
課長	一 正		~~船体、航空機、武器、機關の計畫及び造修一般~~ 造修技術一般
課員 A	二 正		一、船艇の基本計畫全般 二、船体の計畫及び造修に關する事項 三、部外工場發註工事に關すること
B 〃	二 正		一、機關諸装置の計畫及び造修に關する事項 二、機關諸装置の實驗研究に關する事項 三、機關諸装置の技術調査に關する事項
C 〃	二 正		一、武器、航空機諸兵装の計畫及び造修に關する事項 二、武器、航空機諸兵装の實驗研究に關する事項 三、武器・航空機諸兵装の技術調査に關する事項
D 〃	二 正		一、電氣諸装置の計畫及び造修に關する事項 二、電気諸装置の實驗研究に關する事項 三、電気諸装置技術調査に關する事項

0718

修舶　課

E 〃	F 〃	G 〃	H 〃	I 〃
三正	三正	三正	一士	一士
一、内火機械諸装置の計畫及び造修に關する事項 二、内火機械諸装置の實驗研究に關する事項 三、内火機械諸装置の技術調査に關する事項	一、船体推進器に關する實驗・研究並びに技術調査 二、A課員補佐	一、造船・造機・造兵材料の調査、需給計畫に關する事項 二、材料關係實驗 研究事務並びに技術調査	B課員補佐	C課員補佐

0719

術　技			
施			
J 〃	二三士		D 課員補佐
		~~六級~~	削除
K 〃	[illegible]	五級	~~[illegible]~~ 特命事項
L 〃		四級	~~[illegible]~~ 特命事項
課長	二正		一、水陸諸施設の綜合計畫並びに實施一般

0720

部				
設				課
課員 A	B 〃	C 〃	~~D~~ C 〃	~~E~~ D 〃
三正	一士			
		六級	五級	四級
一、水陸施設に關する土木工事の計畫審査の實施に關する~~こと~~ 事項	一、水陸諸施設に關する建築工事の計畫審査及實施に關する ~~[illegible]~~ 事項	削除	A 復員補佐	B 復員補佐

0721

20部
27-4-9

区分 部	区分 課	配置	定員 警備	定員 一般	分担事項
総監			監		
副総監			監		
		部長	監補		部務の統轄
総務	総務	課長	一正		一、海上警備力の整備一般 二、制度関係一般
		課員	二正		一、将来海上警備力の充実計画 二、船艇、航空機、兵器の選定並に整備に関する事項 三、物資の需給計画に関する事項
		A //			
		B //	二正		一、規律、風紀、勤務 二、儀式、礼式、服制、服装、旗章、賞牌及徽章

復員省

0722

部課		C〃	D〃	E〃	F〃
		二五	三五	三五	三五
	三、船隊以外の検閲、査察に関する事項 四、表彰［illegible］に関する事項	一、船舶及部隊の平時並に非常時編制 二、船舶の本籍及所属 三、船舶の役務並に修理に関する事項	一、船舶部隊、官衙及学校の建制 二、船舶以外の官衙及学校の定員制定 四、法人及組合 三、非常事態宣言に関する事項	一、法制及一般の安寧［illegible］戒厳に関する事項 二、［illegible］に関する事項 三、非常事［illegible］法人会に関する事項 四、訴訟、訴願、補償、賠償に関する事項 五、思想調査並に取締に関する事項	一、他の各部課に属しない秘密に関する事項 二、国会及び各官庁との連絡に関する事項 三、日本駐留軍当局及外国大公使館附武官の折衝に関する事項 四、各種会議に関する事項 五、弘報宣伝に関する事項 六、電信所並に電報及暗号文書の処理に関する事項

（附一〇四）

0723

2

係　務

名　第

G〃	H〃	I〃	J〃	〃
一士	一士	一士	三三士	
一、他ノ各印係ノ所掌ニ属シナイ事項ニ関スル事項 二、官報、公報、告示ニ関スル事項 三、検案資料ニ関スル事項 四、係長、副係長ノ直接要務並ニ差使随行 五、官印ノ管守	一、決裁ヲ要スル書類ノ取扱 二、公文書類ノ接受発送及公文ノ浄書 三、記録、翻訳及公文書ノ保存整理 四、往復文書翻訳ニ関スル事項 五、機密図書ノ保管　来[illegible]	一、保管印章ノ整備、利用、[illegible]ノ管理 二、情報ノ防衛、保安、 三、情報施設ノ保全利用、 四、電信交換所ニ関スル事項 五、翻訳者及雇傭人ノ管理 六、翻訳者[illegible]並ニ風紀ノ取締ニ関スル事項	接命事項 一、他係員ノ補佐 二、務令事項	一、他係員ノ補佐

0724

人事			課			部
A	課員	課長	〃	〃K	K	
二〇		一〇		二	二三七	
			七級	森		
三、九級職以下の一般職の任免補職	一、配員の企劃統制 二、[illegible]準士官以下下士官の任免補職	一、参事[illegible] 二、一等・二等警防員並に十二、十一級十級職の任免補職	一、他課員補佐 二、経令事項	一、文案（特に法令に関する事項）の審査 二、国際法規 三、国内法規	二、経令事項	

（第一〇四）

0725

ヲ

〃 係B	二乙		市教関係 教育係官職員の任免補職
〃 C	三乙		甲校関係以外教育係官職員の任免補職
〃 D	三乙		一、教育係官、及一般職の充足養成一般計画 二、進級並に処理計画 三、人事に関する新方法
〃 E	三乙		一、人事関係統計及年報資料の調製 二、保存学生、職員の其の身上取扱に関する事項 三、依託学生の身上に関する事項

務　係　依

員
省

0726

卯

丙	一士		B 隊員補佐
G 〃	一士		C 隊員補佐
H 〃	一士		D 隊員補佐
I 〃	三士		E 隊員補佐
甘 〃		五段	隊長補佐
張 〃		四級	A 隊員補佐

(陣一〇四)

0727

4

給与

係長	二五	身上並に職員援護に関する一般方針
係員 A	三五	一、給与関係制度法規 二、恩給、退職者共に関する事項 其
〃 B	三五	五、辞令、表彰、参拝、辞観、御陪食、御陪宴、叙位、叙勲、記章、褒衣土章、賞賜其の他身上に関する事項 二、要雇員傭員の身上に関する事項
〃 C	三五	一、救恤、福祉 二、死没者に関する事項 三、死没者の選択に関する事項
〃 D	三五	一、共済組合に関する事項 二、部外援護団体に関する事項

3,2
3,2
1,3
3,3
3,3

復員省

0728

課

三、統計、年報資料			
E 〃	一士		医務行政に関する事項 課長補佐
F 〃	二士		課長補佐
G 〃	〃	五段	課長及A課員輔佐
H 〃		四段	B課員輔佐
I 〃		四段	C 〃
J 〃			

0729

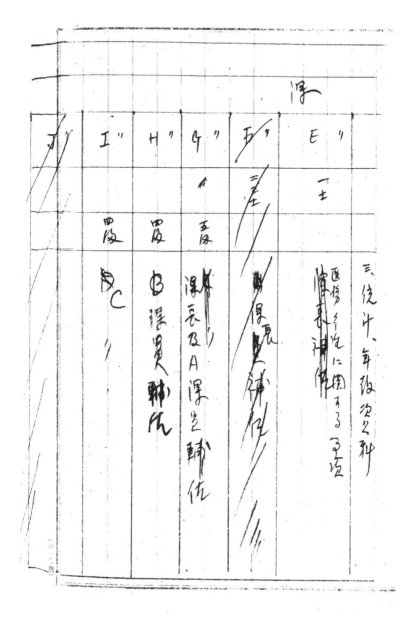

警備

警

部課配置	定員（警備・一般）	分担事項
部長	監補	部務の統轄
課長	一名	一、国土警備方針並に警備指導等全般 二、国土防衛並に警備関係国策に関する事項 三、艦艇及部隊の役務行動に関する事項
課員 A	二名	一、警備計画 二、米国との協定に関する事項 三、警備力所要量に関する事項
B 〃	二名	一、警備計画の一部 二、航空に関する事項 三、防空に関する事項
C 〃	二名	一、警備計画の一部 二、海上護衛に関する事項

0730

J	I	H	G	F	E	D
			[課]			[警備部]
J	I	H	G	F	E 〃	D 〃
		二十七	三十三	二十	三五	三〇
七俵	八級					
一、D、E課員補佐 二、特命事項	一、B、C課員補佐 二、特命事項	一、A課員補佐 二、特命事項	一、課長補佐 二、特命事項	一、警備記録 二、特命事項	一、警備計画の一部 二、通信に関する事項	一、警備計画の一部 二、警察予備隊との協会に関する事項

0731

6

警備				
訓練課				
課長	課員 A	〃 B	〃 C	〃 D
一正	二正	三正	三正	一士
一、教育訓練全般に関する事項	一、船隊の兵技、演習、検閲に関する事項 二、機密保持に関する事項 三、運動程式、教範、操式に関する事項 四、当部会合に関する事項	一、各種術科教育の企画、指導に関する事項 二、各種術科学校に関する事項 三、士官及隊員の養成教育に関する事項 四、部外教育との連繋に関する事項	一、航海術、運用術、応急術に関する事項 二、操式教範の一部（航海術、運用術、応急術）	一、砲術、水雷掃海術、航空に関する事項 二、操式教範の一部（砲術、水雷掃海術、航空）

[illegible]

0732

部

情報課					
A 課員	課長	H 〃	G 〃	F 〃	E 〃
二六	一四			一七 主事	一七 主事
		四級	五級		
一、東亜諸国の軍事並に国情調査及関係国の兵要資料並に戦争世界図の整備 二、情報並に諜報計画の一部（関係国）	二、情報並に諜報計画全般に関する事項 三、防諜に関する事項	一、課員補佐 二、特命事項 一、国際情勢判断	一、課員補佐 二、特命事項	一、機関術工作術に関する事項 三、操式教範の一部（機関術、工作術）	三、信号書、暗号書に関する事項 一、通信術、測的術、電探術、対潜水艦術に関する事項 二、操式教範の一部（通信術、測的術、電探術、対潜水艦術）

0733

7

情報

〃	B	二〇	一、米洲諸国の軍事並に国情調査及関係国の兵要資料並に経済要地誌の蒐集 二、情報並に諜報計画の一部（関係国）
〃	C	三〇	一、欧州諸国の軍事並に国情調査及関係国の兵要資料並に経済要地誌の蒐集 二、情報並に諜報計画の一部（関係国）
〃	D	一五	一、列国技術情報の蒐集整備 二、情報並に諜報計画の一部（技術関係）
〃	E	二、三五	一、経済情報要領、経済要地図の編纂参謀部配布に関する事項 二、部外各部との情報交換連絡に関する
〃			最後 一、（他の事項）渉外輔佐

総員数

0734

浮
下 二、射命予定
〃 一、課員補任
F 四次 二、射命予定

部長 監補 部務の統轄

補佐官
浮担当
課長 一名
課員 二名
A〃 二名
B〃 十名
C〃 二名

(神一〇四)

0735

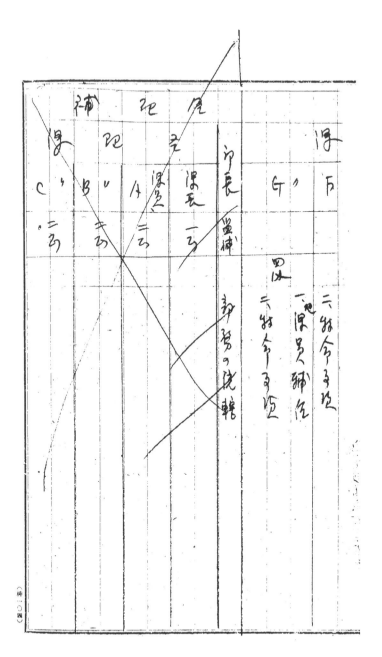

26

0736

横須賀管船部より次の電話あり（十四日 〇八四五）

「A班講習員が左記により二復委員に特に御面接の上御話承り度き希望あり、講習員は時間の都合上恐縮ながら二復側に是非共万障御繰合せの上御引見方特に御願したし」

一、日時　明十五日（土）午前の中（九時頃から）

二、話相手次の通り

（寺）寺井 ← 島田

（吉）吉田 ← 三上

嘉本 ← 魚住　（土振石黒）

福島 ← 石黒

海上保安庁

0737

27

0738

27-3-31作製

100部

一九五一年十二月十日

フリゲート艦用（哨戒部隊）

在日現役訓練部隊　出動

乗員習熟整備訓練予定表　三十日分

10-12-51

UWATE JAPAN

SHAKEDOWN SCHEDULE

30-DAY

FOR-FRIGATES (PF)

0739

（1）

乗員習熟 整合訓練予定表（Shakedown Training Schedule）

序言

一、訓練に対する責任

現任訓練部（UTE）が毎週出す作戦命令により修正される。

本予定表を遂行する責任は、西太平洋艦隊訓練團並に在日現任訓練部司令官と訓練中の艦船の艦長との共同責任とす。

二、訓練監督官

現任訓練部士官は訓練協力者として振舞ひ且つ右該艦長と西太平洋訓練團並在日現任訓練部司令官との連絡をとる為該艦に任命さる。

0740

（２）

三、現任訓練部教官

在日現任訓練部教官は毎日予定訓練並に教育につき該艦長を援助するものとする。

四、訓練の目的と範囲

乗員習熟整合訓練の究極目的は、共同動作を行ふ為各部署間相互の整合を計ることを強調し、平常並に戦斗任務に服する艦船士官並に乗組員を教育、訓練するに在る。該目的は左記事項を累進的に履修せしむることにより達成される。

(イ) 履修要員全部に対する基本的個別的教育、

(ロ) 有経験者に対する個別的補修教育、

(ハ) 修理班、砲術員班其他の工作班に対する初等共同訓練、

(二) 艦全体を一単位としての高等共同訓練、

五、訓練準備

艦船の準備の多寡により訓練期間に於る（獲られる）最終的有効性は大いに左右されるものなり。細目に及ぶ準備こそ不可欠なり（である）。

本予定表を受領するや（したならば）、該艦長は左記事項を行ふべし（こと。）なり。

(イ) 戦斗配置表に列挙されたる戦斗部署に士官並に乗員を編成、配備すること。

(ロ) 毎日、当日用教案を作製し、乗員に公表すること。

第二復員局[illegible]

（4）

同教案は該教育を受くべき者又は班の名簿、各教育期間、教育場所等を列記するものとす。在日現任訓練部隊は當日用教案作製を援助するものとす。

六、予定表細目

予定表は毎日一枚當日用訓練内容を記す。前面には午前中割當分を、裏面には午後割當分を記す。

毎日午后四時、将来の教案立案會議を開くこと。

本予定表は、練習艦の割當や訓練中の乗員の勤務経験及び進歩に適合せしめる為、要あれば、補正されるものとする。

0743

（5）

西太平洋艦隊訓練團兼在日現任訓練部　司令官

米海軍大佐　レックス・B・リットル

配付先

COMNAVFE (1)

COMTRACOMDPAC (1)

COMROKNAVFOR (5)

OIC UWATE SASEBO (2)

CoPF under Training (10)

0744

入港中《碇泊中》 年 月 日	記事	訓練場所
教育の題目 名称		
前教育 解説		
科の見学艦内旅行		
解説 前教育並に砲術科の見学 艦内旅行		
室並に管制室(一般)系統解説 電話入門説明	MM'S及びBT'S EM, DC'S	
室並に管制室(一般)系統解説 管制の原理入門説明	MM'S及び BTS	

0745

部門	時間	實習日 ~~訓練日~~ 第一日午前　~~入港~~ 碇泊	
		実習~~訓練~~又は教育の	
		略称	
総員	0815 0920		予備教 事前解説
砲術及び 甲板	0930 1020		砲術科
	1030 1130		
作戦 CIC ASW 通信	0930 1020		事前解説 予備教
機関及び 損傷管制 応急	0930 1020	UTE-36-E UTE-4-E	機関室並 戦斗電話
	1030 1130	UTE-36-E UTE-1-D	機関室並 損傷管制 応急

~~在~~港中碇泊中　年　月　日

教育課題名目	記事	訓[illegible] 場[illegible]
装備名称		
春の望楼及び砲員の配置 ~~び配備砲術員~~		
機の周波数並に周波範囲（数）	RM	
発光灯、セマフオア信号器、信号旗掲揚）	SM, OM	
UTE－49－0（SAレイダーの操作と原理）反射波の	RD	
出・日没）	QM, SM	
操作と原理（反射波の）	RD	
相対方位（捜索並に接触方法）	SO	
に~~射撃~~室（一般）系統~~解説~~調査（避難室） 告~~序説~~入門説明	MM, BT EM, DC	
に~~射撃~~室（一般）系統~~解説~~調査（缶室） ~~序説並に~~原理入門説明	MM, BT	
に存する批判と準備（火気）		

0746

実習日 第一日午后

部門	時間	実習 訓練又ハ教育ノ…	
		略称	
砲術及ビ甲板	1300 1550		高角砲/…者の望… 及び…
作戦	1300 1600		全無線通信機の…
	1300 1450	UTE-13-14,15 UTE-31-0	通信訓練(一発光… U…
	1500 1550	UTE-2(1)-0 UTE-49-0	時間と日ノ出・日… SAレイダーの操作…
	〃	UTE-31-0	真方位並ニ相対方…
機関	1300 1350	UTE-36-E UTE-4-E	機関室並ニ射… 戦斗電話…
	1400 1450	―	―
	1500 1550	UTE-36-E UTE-1-D	機関室並ニ射… 損傷管制…
総員	1600		明日の実習に対…

~~入港中~~ 碇泊 年月日	記事	訓練場所
並口教育の題目		
名称		
総員部署 配員 訓練 並口用語法		
1547-A　20ミリ砲 #1-G 1547-B　20ミリ砲 #2-G　20ミリ砲術員 2469　40ミリ砲 #7-G　40ミリ砲術員 2026　3/50口径砲　3/50砲術員		
海図発行 用段数 三角法 レイダーの操作と原理	QM/SM EM SO RD	
(セマフオア信号 閃光灯及び信号旗掲揚)	QM/SM RM, SO, RD	
~~注意~~ 措置	BT/MM	
教育	EM/DC	
補助蒸気機関系統 区劃の~~数~~ 方と備装 (番号法)	BT. MM DC	

0747

部門	時間	実習日 第二日午前 入	
		実習並に	
		略称	名称
総員	0815 0920	505-E 40-E 40-D	戦斗教練 総員 戦斗配置 配員 電話通話訓練 基準命令並に用
砲術及び甲板	0930 1030 1030 1120		映画 MM-1547-A 〃 MM-1547- 〃 MM-2469 〃 EN-2026
作戦	0930 1030	UTE-1(2)-0 UTE-30-0 UTE-49-0	海図並に海図 受信機と周波数 捜索並に接触法 復習、SA レイダー
	1030 1120	UTE-12-13, 14-0 UTE-54-E	信号訓練(セマフオ 電気的安全注意
機関及び損傷管制	0930 1020	UTE-4-E 7-E 共	電話通話教育
	1030 1130	UTE-33-E UTE-2-D	主要並に補助 甲板並に区劃

碇泊
入港中　　　　　　　　年　月　日

は教育の題目	記事	訓練場所
名称		
3/50 砲術員の部署と任務		
3/50 砲術員の部署と任務		
3/50 砲術員の部署と任務		
送信機並に周波数 並に標的移動 (UTE-49-0) SLレイダーRDの操作並に 目標	SM/QM/RM/SO	
に標的移動　航法教育SM及OM 作並に原理　送信機並に周波数 RM	SO RD	
補助蒸気機関系統	BT/MM	
手旗用語法	EM/DC	
劃の[illegible]と備装	DC	
補助蒸気機関系統	BT MM	
に対する批判と準備		

0748

部門	時間	実習日 ~~訓練~~ 第二日午后	大
		実習訓練又は教	
		略称	名称
砲術及び甲板	1300 1350		20ミリ.40ミリ.3/50
	1400 1450		20ミリ.40ミリ.3/50
	1500 1550		20ミリ.40ミリ.3/50
作戦	1300 1450	UTE-5(1)-0 31-0	~~[illegible]~~ 送信 ドプラーレーダー並に~~標~~ 目標 原理
	1500 1550	UTE-31-0 UTE-49-0	ドプラーレイダー並に標 SLレイダーの操作並に
機関	1300 1350	UTE-33-E UTE-6-E	主要並に補助蒸 電話通話手続用
	1400 1450	UTE-2-D	甲板並に区劃の
	1500 1550	UTE-33-E	主要並に補助蒸
総員	1600		明~~後~~日の実習 ~~訓練~~ に対す

方針
…環境中　　　　年　月　日

	記事	訓練場
教育の題目		
称		
経理部署 置充員 配置 に用意経了訓練 要具取付け整備 訓練 法 規律命令と用語法、見張教育		
並に分解		
訓 の復習並に訓練 駅内 内部通信	QM ASM RM	
訓 の復習並に訓練 (電話通話教育)	QM ASM RM SQ RD	
給水 連結 機関系統 用発動機 整備法	MM 及び SF EM DC	
連結 機関系統	MM 及SF	

0749

部門	時間	略称	名称
		実習日 ~~訓練~~第三日　午前	、 ~~入港~~
		実習訓練又は教育の	
		略称	名称
総員	0815 0920	505-E 510-A 40-E 40-D	~~戦斗教練~~ 総員 戦斗 ~~[illegible]~~ 配置完 ~~資材整備並に用~~ 電話通話訓練 ~~命令起案用語法~~
砲術及び甲板	0930 1020		各砲組立並に分
作戦	0930 1030	UTE-1(1)-0 UTE-31-0	操舵手の任務 送信機の整調 ドプラー・レイダーの復習
	1030 1120	UTE-1(5)0 UTE-31-0	航海日誌 送信機の整調 ドプラー・レイダーの復 艦内部通信（電
機関及び損傷管制	0930 1020	UTE-16-E UTE-19-E UTE-3-D	給水並に復水結 艦内配管用 完全防水整備法
	1030 1130	UTE-16-E	給水並に復結

施措 ~~人~~ 落中　　年　月　日		
又は教育の題目	記事	訓練場所
名称		
損傷対策教育		
練（セマフオア信号、閃光灯及び信号旗掲揚）	SM. OM	
変更訓練及び遠隔使用	RM	
に接触の復習と訓練	SO	
D.R.T の設計	RD	
—	SM OM	
変更訓練及び遠隔使用		
に接触の復習と訓練	RD	
D.R.T の設計		
に ~~凝結機関~~	MM ET	
~~装置~~ 用発動機、UTE-3-D 完全防水（密）整備法	DC	
に ~~凝結機関~~（給水）系統	MM BT	
室	DC	
~~作業~~ に対する指示と準備		
習		

0750

部門	時間	~~訓練~~ 実習 第三日午后 実習訓練又は者 略称	名称
砲術及び甲板	1300 1350		全兵器損傷
作戦	1300 1450	UTE-13/14 15-0	通信訓練（セ 周波数変更訓
		UTE-31-0 UTE-42-0	捜索並に接角 CIC 及び D.R.T
	1500 1550	UTE-2(3)-0 UTE-23-0	クロノメーター 周波数変更訓
		UTE-31-0 UTE-42-0	捜索並に接 CIC 及び D.R
機関	1300 1350	UTE-16-E UTE-19-E	給水並に凝 艦内~~配水装置~~
	1500 1550	UTE-16-E UTE-4-D	給水並に凝 完全防水
総員	1600		~~明後日の訓練~~ 日の実習 に

入港中　　年　月　日	記事	訓練場所
教育の題目		
名称		
業　総員部署		
並に用器　訓練　要具取付け 整備		
法訓練		
並に用語法規準命令並に用語法		
教育		
育		
規準（定義）		
変更訓練及び遠隔 使用	QM及SM	
用記録器	RM	
D.R.T. 設計の復習	SO RD	
練（セマフオア信号，閃光灯，及び信号旗掲揚）	QM及SM	
速訓練及び遠隔 使用		
用記録器　（相対並に真方位 RD）	RM SO	
料油機関系統	BT	
ジン並に損傷	MM	
に電燈配線分電	EM	
訓練	DC	
油機関系統	BT	
ジン並に損傷	MM	

0751

~~訓練~~実習日 第四日午前　　　入港

部門	時間	実習訓練又は教育の 略称	名称
総員	0815 0920	505-E 40-E 40-D	~~戦斗教練~~ 総 ~~資材整備~~ 並に 電話通話訓練 ~~命令起案~~ 応急手当教育 見張教育
砲術及び甲板	0930 1120		命令~~起案~~規準
作戦	0930 1030	UTE-2(1)-0 UTE-23-0 UTE-32-0 UTE-42-0	時間 周波数変更訓 時間範囲記録 CIC及びD.R.T.
	1030 1120	UTE-13,14,15-0 UTE-23-0 UTE-32-0	通信訓練（ 周波数変更訓 時間範囲記録
機関及び損傷管制	0930 1020	UTE-17-E UTE-39-E -43-E共 UTE-64-E	燃料油 主要エンジン並 電力並に電灯 防護消火訓練
	1030 1130	UTE-17-E UTE-39-E 43-E共	燃料油 主要エンジン並

入港中　　　年月　日	
練（砲術道訓練） 隊総員部署（教練）	
	QM SM
変更訓練及び遠隔使用	RM
及び相対方位（捜索及び接触訓練） 相対及び真方位	SO RD
	SM QM
変更訓練及び遠隔使用	RM
訓的 接触訓練	RD SO
由機関系統　（防消火訓練）	BT
ゲン及び損傷	MM
由機関系統 ゲン及び損傷	BT MM
電燈配線	EM
訓練に対する批判と準備 部署	

0752

		~~訓練~~実習日 第四日　午后　入	
砲術及び甲板	1300 1350		~~戦斗教練（砲~~ 砲術科各総
	1400 1450		
作戦	1300	UTE−3(2)−0 UTE−23−0	方位 周波数変更訓
	1450		復習　真及び相 復習　相対及
	1500	UTE−3(2)0 UTE−23−0	方位 周波数変更訓
	1550	UTE−44−0 UTE−31−0	海上測的 捜索及び接触
機関	1300	UTE−17−E	燃料油機
	1450	UTE−39−E 43−E共	主要エンヂン及び
	1500 1550	UTE−17−E UTE−39−E	燃料油機 主要エンヂン及
		UTE−43−E UTE−64−E	電力及び電灯
総員	1600		明~~後日の訓練~~に 日の実習

入渠中《碇泊》　　年　月　日	
練　総員部署 置配員 般公用意完了訓練・要具取付け整備 語訓練 [redacted]規準及び用語法 教育　　　見張教育	
練（砲術及び射撃管制《指揮》）	
海作業 開 料の一致と装置の操作） 的訓練	SM 及 QM RM SC RD
練	
動機） 操作） 装置 試験	MM BT EM DC
急動機） 操作 試験	MM BT DC

0753

実習日

		訓練第五日 午前	
総員	0815 0920	505-E 510-E 40-G 40-D	戦斗教練 総 戦斗配置'賀 ~~資材整備及び~~ 電話通話訓 命令[redacted] 応急手当教育
砲術及び 甲板	0930 1120		戦斗教練（ 総員部署
作戦	0930 1130	[redacted] UTE-31-0 UTE-31-0 UTE-44-0	一日分航海作 CW法入門 復習（資料の一 水上測的訓
		UTE-1-R	識別訓練
機関及び 損傷管制	0930 1020	UTE-19-E UTE-20-E UTE-65-E UTE-4-D	タルボ（発動機 ボイラー（操作） 排磁気装置 完全防水試
	1030 1130	UTE-19-E UTE-20-E UTE-4-D	タルボ（発動機 ボイラー 操作 完全防水試験

~~入港中~~ 碇泊 年 月 日

要具

任務 — 復習	SM QM
入門	RM
~~攻撃~~（~~分断、水中~~ 爆雷） cut on? attack teacher	SO
目的	RD
（セマフオア信号 閃光灯 及び信号旗掲揚）	SM QM
入門	RM
攻撃（分断 ~~水中~~ 爆雷） cut on attack teacher	SO
目的	RD
ハッチ 閉鎖法	MM BT
及び蒸溜器 UTE-20-E ボイラー操作	BT
気装置	EM
及び蒸溜器	EM BT
ー操作	BT
訓練に対する批判と準備	
の実習	

0754

		実習日 ~~訓練~~第五日 午后	
砲術及び 水雷	1300 1350	UTE－1－5	確定泊要具
作戦	1300	UTE－1(1)－0	~~操~~舵手の任務 CW法入門
	1450	UTE－40－0 UTE－47－0	~~攻撃教室~~(空中測的
	1500	UTE－12-13 14－0	信号訓練(セマ CW法入門
	1550	UTE－40－0	~~攻撃教室~~(空中測的
機関	1300 1350	UTE－4－D UTE－45－E	扉及びハッチ 蒸化器及び
	1400 1450	UTE－65－E UTE－	排磁気装
	1500 1550	UTE－45－E UTE－20－E	蒸化器及び ボイラー操作
総員	1600		~~明日以後の訓練~~ 四月日の実

前　　~~入渠中~~ 艤装中 年.月.日	
教練 給兵部署 ~~整備及び1用意完了訓練~~ 要員取付け整備 練訓練 捕捉 canned problem 目標指示及び~~操作~~(~~誘導目標~~又はJD航空機) simulated ~~bomb hit~~ 爆弾命中 及びB級 ~~[illegible]~~ 火災の場合 応急手当教育 教練(射撃管制, 電話通話訓練, 発令規 及び ~~[illegible]~~ 装填訓練)	
法規 及び模擬無線訓練回線(暗号書実習, 発振器) 測的管制 一航法 訓練 (日ノ出及び日没) 及び模擬無線訓練回線(暗号書実習 発振器) 測的操作 一航法 器. 排気器及び循環器 加熱器(主要及び補助給水ポンプ) 燃操作 ~~test~~ 日曇試験 器. 排気器及び循環器 加熱器(主要及び補助給水ポンプ) ~~test~~ 日曇試験	QM及びSM RM SO RD QM BSM RM SO RD MM BT EM DC MM

0755

		実習日 ~~訓練~~ 第六日　午前	
総員	0815 0920	505-E 510-A 420 105 540-G 555-B	戦斗教練 資料整備 探索訓 目標的指示 A..imila 〃A及びB組
砲術及び 砲校	0930 1120		戦斗教練 準及び
作戦	0930 1020	UTE-34-O UTE-46-O UTE-2-R	航 道路法規 CW法及び 攻撃訓 レイダー航 識別訓練
	1030 1130	UTE-1(4)O UTE-34-O UTE-46-RO	復習（回 CW法及び 攻撃訓 レイダー航
機関	0930 1020	UTE-58-E UTE-57-E UTE-66-E UTE-4-D-C	蓄電器 給水加熱 探照燈 ~~chalk~~
	1030	UTE-58-E UTE-57-E UTE-4-D-C	蓄電器 給水加熱 ~~chalk~~ t

入港中　　　年　月　日

羅鉄運用術

羅針儀及び羅鍼儀誤差 SM.QM
(発振器訓練) RM
(攻撃測的及びattack teacher session D/C) SO
(装置操作及びレイダー航法)
号書 SM.QM
(発振器訓練) RM
ck teacher session (水中爆雷, 分断) SO
航法訓練 RD
く及び凝結機関 MM BT
機操作 RM
管制教科書及び操縦管制計画 DC
及び凝結機関 MM BT
復水系統

実習
訓練に対する批判と準備

0756

		実習日 ~~訓練~~ 第六日 午后	
砲術及び甲板	1300 1350	UTE-2-S	実細図鉄
作戦	1300	UTE-4(1)-O	磁気羅針儀 CW法（発
		UTE-34-O	復習（攻撃
	1450	UTE-49,46	復習（装置
	1500	UTE-12-O	萬国信号書 CW法（発
	1550	UTE-40-O	A Mach Te レイダー航法
	1300	UTE-31-E	給水及び
		UTE-66-E	探照燈
	1550	UTE-5-D	~~損傷管制~~ 応急教範 給水及び
総員	1600		明日の実習 ~~今後の訓練~~

入港中

教練 総員部署
配置 ~~乗員~~ 捕捉
指示及び ~~獲得~~ (JD航空機又は Canned problem
級 ~~[illegible]~~ 火災
手当教育
教育
放棄 準備
教練(砲術員総員. 装填訓練)
部署

~~[illegible]~~ 水先嚮導の復習	QM 及SM
~~[illegible]~~ 装備せる装置を使ふ操作訓練)	RM
(当該艦内装置操作)	SO
(装置操作. 測的及びレイダー航法)	RD
機関入門	MM
機械(安全 ~~[illegible]~~ 措置 注意)	EM
(安全 ~~[illegible]~~ 措置 注意)	
呼出鈴回線	
機械(安全 ~~[illegible]~~ 措置 注意)	MM
(安全 ~~[illegible]~~ 措置 注意)	

0757

		実習日 訓練第七日　午前	
総員	0815 0920	[illegible] 505-E 105 555-B	~~戦斗教練~~ 戦斗配置 標的指示 A級～級 応急手当 見張教育 艦船放棄
砲術及び 甲板	0930 1120		戦斗教練（ 総員部署
作戦	0930 1130	UTE-5Y(1)-0 UTE-31-0 UTE-49-0	[illegible] 復習（[illegible] 復習（当該船 復習（装置
機関	0930 1020	UTE-6-D UTE-36-E UTE-20-E UTE-68-E	管系機関入 往復式機械 ボイラー（安全 電話呼出鈴
	1030	UTE-36-E UTE-20-E	往復式機械 ボイラー（安全

碇泊中　　年 月. 日

用術（繋留索使用法）

teacher（水中爆雷攻撃・分離）

備せる装置を使用し操作訓練）　SO EM

的

練 ― セマフォア信号, 閃光灯, 及び 信号旗掲揚　SM, QM

信法　SM QM

路法　SM QM

関 主要消防管　DC

準備 出動準備　MM BT

（一般及び損傷），

合同訓練　EM

準備　MM BT

実習に対する批判と準備

~~訓練に対する批判と準備~~

0758

		実習日 ~~訓練~~ 第七日午后	
砲術及び甲板	1300 1550	UTE-3-S	甲板運用術
作戦	1300- 1550	UTE-40-O	Attack teac 復習（装備せる 転化測的
	1300 1350	UTE-12,13,14-O	信号訓練 —
	1400 1450		通信日誌
	1500 1550		萬国通路
機関	1300 1350	UTE-6-D-A UTE-60-E UTE-34-E	管系 機関 ま 航海開始準備 送風機 C一回
	1400 1450	UTE-68-E	電話呼鈴回
	1500 1550	UTE-60-E	航海開始準備 出動
総員	1600		明日の実習 ~~明後日の訓練~~

入港中 年 月日	
練 総員部署 置 乗員 捕捉 及び 護衛(JD航空機又はCanned problem) く 教育 育 業準備	
員戦斗教訓及び射撃管制 指揮 (練) 練 練 位盤使用 盤	
練(セマフォア信号、閃光灯及び信号旗掲揚) 置使用による操作訓練 除答記録文判読法 的並に操作法の復習比較	QM及SM RM SO RD
[redacted] 航法畫間作業 置使用による操作訓練 的並に操作法の復習比較	SM及QM SO RD
操作並に安全注意法 動力機関系統 関、排水機関系統 操作並に安全注意法	BT及MM EM DC BT及MM

0753

		実習日 ~~訓練~~第八日午前	
総員	0815 0920	505—E 105	~~戦斗教練~~ 戦斗配置乗員 標的指示及び… C級火災 応急手当教育 見張教育 艦船放棄準…
砲術及び 甲板	0930 1130		砲術員総員戦… 損傷訓練 装填訓練 MK51方位盤 1.C.配電盤
作戦	0930 1020	UTE-7,13,14,0 UTE-32-0 UTE-44-47-0	信号訓練（セ… 装備装置使… 自動記録器… 各種測的並…
	1030 1120	UTE-32-0 UTE-44-47 0	[illegible] 装備装置使… 各種測的並…
機関	0930 1020	UTE-3-E UTE-70-E UTE-6-DC	ポンプ操作並… 損傷動力機… 管系機関，…
	1030 1130	UTE-3-E	ポンプ操作並…

入港中　　　　年　月　日

害（復習と訓練）
装置使用による操作及び訓練）
について（水中爆雷攻撃・分断）
（講義と訓練）

SM　QM
RM
RD

排水機関）
に安全注意法
機関系統

DC
EMBT
EM

に安全注意法
排水機関系統）
EMBT
DC

に対する批判と準備

0760

		~~訓練~~実習日第八日 午后	
砲術及び甲板	1300 1550	UTE-4-S	短艇取扱
作戦	1300 1650	UTE-40-O	航法運用作業（… 復習（装備装置使… Attack teacher（… 転換測的（講…
機関	1300 1350	UTE-6-D-C UTE-3-E UTE-70-E	管系機関（排水… ポンプ操作並に安全… 損傷動力機関
	1500 1550	UTE-3-E UTE-6-D-C	ポンプ操作並に安全… 管系機関（排水…
総員	1600		明日の実習 ~~明後日の訓練~~に対…

確信
入港中　　　　年月日

配
要員　担当　~~戦斗教練~~ 總合部署
及び獲得（JD航空機 又は canned problem　）
當修理班員
育

員戦斗教練及び射撃管制
盤(訓練)
訓練)

団と発行)　　CIC 対潜測音器艦内整合　　OM SM
用による操作・訓練の復習　　(鑑別兵)　　RM
測的(復習と訓練)　　RD

盤 復習　　SM OM
用による操作・訓練の復習　　RM
(CIC 対潜測音鑑別兵器)　　S.O
測的(復習と訓練)　　RD

繋止　　MM BT
　　FM
通風機関系統　　DC

繋止　　MM BT
通風機関系統　　DC

0761

		実習日 ~~訓練~~ 第九日　午前	
総員	0815 0920	505-E 105 580-A	戦斗配置充員 標的指示及び獲… 操航 機関室擔当修… 應急手当教育 見張教育
砲術及び甲板	0930 1020		砲術員総員戦斗… MK 51 方位盤(… 追尾法(訓練)
	1030 1130		損傷訓練 装填訓練
作戦	0930 1020	UTE-1(3)-0 UTE-31-0 UTE-39,47,44	復習(1海図と発… 装備装置使用による… 装置操作と訓…
	1030 1130	UTE-4(2)0 UTE-31-0 UTE-49-47-44-0	磁気羅針盤 復… 装備装置使用による… 艦内整合(CIC … 装置操作と訓…
機関及び損傷管制	0930 1020	UTE-60-E UTE-6-D-D	消燈及び繋止… 転輪操作 管系機関通風…
	1030 1130	UTE-60-E UTE-6-D-D	消燈及び繋止… 管系機関通風…

施相

入港中　　年月日

照光灯・セマフオア信号及び信号旗掲揚）　　SM QM RM

用による操作・訓練の復習　　RD

訓練　　SO

（水中爆雷・分断）

み　　SM, QM, RM

説明

E　　MM BT

　　EM

面風操作　　DC

禁止　　MM BT

実習

の訓練に対する材料と準備

0762

実習日
~~訓練~~第九日　午后　~~入~~

砲術及び甲板	1300 1550	UTE-5-S	短艇取扱
作戦	1300	UTE-13-14-15-O	信號訓練（閃光灯
			装備装置使用による
		UTE-46-O	レイダー航法訓練
	1450	UTE-40-O	attack teacher （
	1500 1550		~~海上任相要約~~ 海上の状態説明
機関	1300 1350	UTE-60-E	消火栓及び繋止
			轉輪操作
	1400 1450	UTE-6-D-C	管系機関．通風
	1500 1550	UTE-60-E	消火栓及び繋止
総員	1600		明日の実習 ~~明後の訓~~

ば練習艦にて海上　　年　月　日

部署

部署

入港中

Mと共に見張に立つこと　　SM QM

びレーダー航法訓練（訓練海面へ向い途中及び I.S.E. に　　RD

ッキング と操艦

apon attacks（講義と実演）　　SO

習と摘要　　MM BT EM DC

険　既修課目の復習と摘要　　MM. BT. DC.

に訓練

0763

		~~訓練~~実習日 第十日 午前 出来れば練	
総員	0815 0920		~~戦斗教練~~ 総員部署
砲術 及び 甲板	0815 1130		~~戦斗教練~~ 総員部署 1. 射撃管制実習 2. 損傷訓練 3. 装填訓練 大
作戦	0815 1130		監督者 ~~[illegible]~~ 指導下にSM,QMと共に見 測的, 探索 ~~[illegible]~~ 及びレーダ 連関せしめ行ふ) 士官に対するラバードブキング
	0800 1130		A head thrown weapon a
機関	0930 1020	UTE-1-E	既修課目の復習と
			舵輪操作
		UTE-51-D	瓦斯及び煙の危険
	1030	UTE-7-D	瓦斯及び煙の危険

註：~~対潜~~ 水中測的 聴音班及び砲術員は在港訓練

練習艦にて海上　年月日

中）

ッキングと操艦
見張員として当直に立つこと　SM, QM
指導下に当直に立つこと
及びレイダー航法

ion　（ATW攻撃法）　SO

と復習　MM, BT　EM

DC

と復習

る批判と準備

0764

		實習日 訓練 第十日 午後 出来れば練	
砲術及び 甲板	1300 1550	UTE-9-S	損傷操作（入渠中） 操舵故障
作戦	1300		士官に対するカバードフキンク 監督者
	1550		中央無線室に監督指導 探索追跡, 測的及び
	1300 1550	UTE-40-0	attack teacher session
機関	1300 1350		既修学課の摘要と復習 転輪操作
	1400 1450	UTE-8-D	遠隔管制
	1500 1550		既修学課の摘要と復
総員	1600		明日の実習訓練に対する

ず練習艦にて海上 年 月 日		
次部署		
部署 練		
々 操舵		
外見張員として當直に立つこと 金中の~~操縦~~訓練（士官） （水先嚮導） びレイダー航法	RM, SN, QM 士官 士官 RD.	
	SO SO	
く機関系統	MM BT EM DC	
水機関系統	MM, BT,	

練は入港中行ふ

0765

		演習日（訓練）第十一日 午前 出来れば練	
総員	0815 0920		戦斗訓練 総員部
砲術及び甲板	0800 1130		戦斗訓練 総員部署 1. 射撃管制訓練 2. 装填訓練
作戦	出動時より 1130		監視者指揮下に SM, BM 見 訓練海面に向う途中 操艦（士官） 測的, 捜索 及びレイ
	0800 1130		ASW 問題復習 DRT と測的
機関	0930 1020	UTE-35-E UTE-10-D	主要及二次排水機 IMC 機関 携帯ポンプ
	1030 1130	UTE-35-E	主要及二次排水機

註、対潜測音班（水測）及砲術員（術科員）訓練は

来れば練習艦にて海上　年　月　日		
に取付け		
の下に見張に立つこと の及びレイダー航法の訓練，帰港途中及び W/ISEに連合	SM, OM, RM RD.	
ル　（AT.W攻撃法）	士官	
一系統 関系統	MM. BT	
	RM DC	
管制 航般機械及管制 系統	MM BT	
果に対する批判と準備		

は入港中行ふ。

0766

		実習日 訓練 第十一日午后 出来れば	
砲術及び 学校	1300 1550		実航兵装検査に取付
作戦	1300 1500		監督者指導の下に見 探索~~[illegible]~~、測的及び に行ふ。
		UTE−40-0	操艦（士官） attack teacher
機関	1300 1350	UTE−18−E UTE−14−E	圧搾空気機関系統 蒸気封圧機関系統
	1400 1450	UTE UTE−16−D	IMC 機関系統 携帯ポンプ
	1500 1550	UTE−56−E UTE−14−E	~~エンジン~~操作及び管制 蒸気封圧機関系統
総員	1600		明後~~の訓練~~日の実習に対

註：対潜測的班 及び砲術員訓練は入

律れば練習艦にて海上		
部署		
部署 及び能力の 術員の射撃指揮訓練 入渠中		
張に立つこと 員（士官） 航法	RM.SM, QM 士官 RD	
入渠中	SO	
電気具	DC	

東は入渠中行ふ

0767

実習日
訓練第十二日　午前　訓練ハ

総員	0815 0920		戦斗教練　総員部署
砲術及び甲板	0815 1130		戦斗教練　総員部署 1. 射撃管制及び砲術員の（操砲及び指揮） 2. 砲台整頓
作戦	0815 1120		見張員指導下に見張に 水先御導と操艦（士 探索追跡、及びレイダー航 訓的、
	0800 1120		消防火教練
機関	~~[illegible]~~ 0930 1130	UTE－11－D	機関損傷管制 携帯ポンプ、可搬電気具

註、水測　射撃訓練及び砲術員訓練は入

出来れば練習艦にて海上		
~~[illegible]~~		
下に見張りに立つ びレイダー航法	SM, OM, RM RD	
嚮導（士官）	士官	
（入港中）		
管制	MM, BT. DC.	
管制 編成）	MM, BT.	
練に対する批判と準備		

0768

		実習日 ~~訓練~~日 第十二日 午后　ヒ	
砲術及び甲板	1300 1550	UTE-12-5	操舵 機関損傷 [illegible]
作戦	1300 1350		退艦者の指導下に 探索計画及びレイダ
	1400 1450		操艦及び水先嚮導
	1300 1550		防火 消防訓練（一入
機関	1300 1350	UTE-12-D	機関損傷管制 四吋排出器
	1500 1550	UTE-13-D	機関損傷管制 損傷管制に編成
総員	1600		明日 日の実習 ~~明日後の訓練~~に対

来れば練習艦にて海上		
印刷 連絡訓練—号灯取付け準備 潜艦捜索(出来ればJD航空機利用) 捕獲捕捉		
使用法(全砲台)		
用(一覧表の使用法 測所		
見張に立つこと 置(士官) レイダー航法 入港中)	RM, SM, 8QM RD SC	
角	MMS, BTS, DC	

0769

実習日

訓練及十三日 午前　出来れ

総員	0815 0920	W-35-D W-41-D 1051	戦計教練 総員部署 戦計配置総員 資材整備並に用意結 [illegible] 射撃準備 目標的指示及び捕捉 見張教育
砲術及び甲板	0930 1020		弾薬 種型及び使用法
	1030 1130		準備射撃 司令七用(あ 射撃前チェックすべき個所
作戦	0930 1120		通信射撃指導下の見張 水先誘導と操艦(土 測的 捜索及びレイダー 補助射撃法(入港
機関	0930 1020		應急手当教育
	1030 1130	UTE-71-B	配電盤

出来れば練習艇にて海上	
輸局部の管制、砲台使用	
ｌトザー	
で見張りに立つ	RM, SM, [illegible] BM
レイダー航法	RD
(ATW 攻撃法) [illegible]入造作	SO
機関系統	MMs, BTS DC
機関系統	M.Ms, BTs, DC
の批判と準備 に対する	

0770

		~~訓練~~実習日 第十三日　午后　出来	
砲術及び甲板	1300 1350		水上 ~~海上~~ 射撃, [illegible] 局部
	1400 1450	UTE-17-S	短艇引上ゲ・引下ゲ
作戦	1300 1550		見張指揮者指導下で見張
			測的・探索及びレイダー
	1300 1550	UTE-40-D	Attack teacher (ATU
機関	1300 1350	UTE-100-E UTE-70-E	清水充満・配水 機 配分盤
	1500	UTE-100-E	清水充満・配水 機
総員	1600		~~明後の訓練のため~~ 明日の実習に対する

註．対潜測音（水測）班は入港中訓練を行ふ．

すれば練習艦にて海上	
配置充員 終了訓練 要具取付け整備 (JD航空機又は Canned problem) 索	
法	
位に立つこと 航法 手続)	RM, SM, QM RD. SO
位	MM, BT, EM, DC
修理打在)	
位	MM, BT

行)。

0771

		実習日 訓練第十四日　午前　出来れば	
			総員部署
総員	0815 0920	W-35-D W-41-D 105.	戦斗教練／戦斗配置完 資材整備並に用意終了訓 標的指示及び捕捉（探知）JD 射撃管制及び探索 見張長教育 発令基準（命令）
砲術及び水雷	0930 1020	UTE-9-G	不発弾取扱い
	1030 1130	USF-[illegible]56	X-9-G 機雷防禦法
作戦	0930 1120	UTE-31-0	監督者指導下に見張に立 測的、探索及びレイダー航 復習（装置操作並に手続
機関	0930 1020	UTE-100-E UTE-13-D	遠隔管制機関系統 17 MC 機関系統 損傷管制編成（修理
	1030 1130	UTE-100-E	遠隔管制機関系統

註、対潜測音班（水測）は入港中訓練を行う。

ればば練習船にて海上

て
‡ Z-5-G(AA George)

〃のチエック

当直 | RM SM, QM RD

W攻撃法, 入港中)

汽笛, 常用装置) | EM, BT
法 | EM,
| DC
汽笛, 常用装置) | EM, BT

打合せ判と準備

0772

		実習日 ~~訓練~~ 第十四日 午后　出来れば…	
砲術及び学校	1300 1350	USF56	高射砲発射運轉 2-
	1500 1550	UTE-19-5	~~発射後引合せ~~ 射撃の… 錨の接続及び分離
作戦	1300 1550		監督者指導下の見張当直 探索、及びレダー航法 理由的
	1300 1550	UTE-40-0	Attack teacher (ATW攻…
機関	1300 1350	UTE-100-E	蒸気機関(サイレン、汽笛 系統 水中測探儀機関系統
	1400 1450	UTE-14-ED	修理班装備
	1500 1550	UTE-100-E	蒸気機関(サイレン、汽笛 系統
総員	1600		~~明日の訓練~~に対する注… 明日の実習

記　対潜水中測音班は入渠中訓練を行ふ

入港中《ガイコウ》	
JD航空機又は Canned problem) 束	
の問題 の問題	
及び統制 点記法 海上航路妨害干渉 水	QM, SH. RM. RD SO
機 操舵機関及び管制.	MMs DC BTs
系統 制 操舵機関及び管制)	EM MMs BTs

0773

実習日第十五日　午前

	0815 0920	505−E 105	戦斗訓練 総員部署 戦斗配置完員 目標的指示及び捕捉（JD航 衝突部署教練 艦船放棄準備
砲術及び甲板	0930 1020		戦斗教練 総員部署 1. 射撃指揮 2. 水上射撃の問題 3. 対空射撃の問題 4. 目標的指示
作戦	0930 1020	UTE-24-0	防消火訓練 無線訓練回線及び キヒ 潜水艦攻撃 要点 潜水艦航跡及び水上
機関	0930 1020	UTE−56−E UTE−15−D UTE−21−E	操舵 緊急照灯装置 ボイラー管損傷 水中測探儀 機関系統
	1030 1130	UTE-56-E UTE-21-E	管制操 ボイラー（チューブ損傷）

入港中　,　年月日

配置完員《乾》
恐 JD 放空機 又は Canned problem)
果

去

職位相同演習とよく判)《上状態》
習)

EM
SM, OM
RD

MM BT, EM
修理班

0774

		実習日 ~~訓練~~ 第十六日午前 ・ 入港	
総員	0815 0920	505—E 105 40—E 40—D	総員配置 戦斗教練　戦斗配置 目標指示及び獲得　JD 消火及び救助訓練 電話通信訓練 発令基準及び用法
砲術及び甲板	0930 1020		戦斗教練 総員配置 1. 射撃管制問題 2. 装填訓練
作戦	0930 1020	UTE-1(1)-0	消火訓練 操舵員任務（海戦任務 上状態 艦内整合（復習）
機関	0930 1020		日誌と記録 消火訓練
	1030 1130		日誌と記録

碇泊
~~入~~港中　　　　年　月　日

上~~結~~護に関する教育

（復習）
~~School ま~~ 火災学校（Fire School）　SM, QM RM

及び CIC 実物大模造物　SO QU'RD

と摘要　MM, BT, EM 修理班

と摘要　MM, BT.

批判と準備

0775

		実習日 ~~訓練~~第十六日　午后		A
砲術及び甲校	1300 1550	UTE-24-S		曳索通過及び曳接受上
作戦	1300 — 1550	UTE-40-0 UTE-54-0		萬国道《航》路法規（復 ~~消火訓練 — Fire Ae~~ Attack teacher 及び（
機関	1300 1350			既修学課の復習と摘 消火訓練
	1500 1550			既修学課の復習と指
総員	1600			~~明後の訓練~~の批判 明日の実習

海上出動　　年　月　日

完了訓練　要員取付整備

保（JD 航空機 又は Canned problem　）

補給

水先誘導及び燃料補給に関する見張並に訓練

完制）　　MMs, BTs, EM, 修理班

管制）　　MMs, BTs, EM 修理班
映画 MN 71

ト

0776

実習日 ~~訓練日~~ 第十七日 午前　海

総員	0815 0920	505-E W-41-D 105 555-E	戦斗教練 総員部署 戦斗配置完了(配) 資材整備並に用意完了訓 電話通話訓練 目標の指示及び獲得(A級火災
砲術及び甲板	0930 1120	UTE-23-S	海上 ~~~~ 燃料補給
作戦	0930 1130		海上に於ける航海、水先
機関	0930 1020	UTE-17-D	機関術(損傷管制(応急)) 支柱立て オ一
	1030 1130	UTE-17-D	機関術(損傷管制(応急)) 支柱立て オ二　映画

註、於港湾測量班(水路)入港中訓練

指
惹中　　　　　　年　月　日

料補給）

校助放棄

び I.S.E.訓練に連関し見張当直及び訓練

検、及び配置に関する摘要 | MMs, BTs, EM DC.

び配置に関する摘要 | MMs 及び BTs

する批判と準備

0777

		~~訓練日~~ 実習日 第十七日午后	碇泊 ~~入~~港中
砲術及び甲板	1300 1350	UTE-23-S	海上に於ける燃料補給
	1500 1550		~~舷外訓練~~ 1/3名 各校防敵
作戦	1300 1350		水先嚮導,航法及び I.S.
機関	1300 1350	UTE-18-D	嚮導見張,軍事矣検,及び 航行中の損害
	1500 1550		見張,軍事矣検及び配置
総員	1600		~~明後の訓練~~に対する打 (明日の実習)

海上	年 月 日	
部署 機発見時) (出来れば JD 航空機使用)		
に貯蔵 に~~保管~~維持 用の使用		
及び I.S.E. 訓練に連関せる見張を直並に訓練		
(交叉接続及び分裂装置) 中子(段)の修理		MMs, BTs. DC
(交叉接続及び分裂装置)		MMs, BTs

0778.

~~訓練~~ 實習日 月廿八日 午前　　　海

総員	0815 0920	1 505-E 85-A 420 105	戦斗訓練　総合部署 戦斗配置 充員 戦斗戦策（航空機 発 空中~~航空~~探索問題（JD 目標的指示 戦斗問題摘要
砲術及び甲板	0930 1020		弾薬取扱ひ並に火薬 火薬庫整備並に~~経~~ 撒水装置機関の使
作戦	0930 1020		水先嚮導、航法及び
機関	0930 1020	UTE-100-E UTE-18-D	航行中　（交 航行中の 水中
	1030 1130		航行中　（交

海上　　　　　年　月　日

引降し

及び1.S.E.訓練に連関し見張並に訓練

訓練　　BTs, MMs, EMs
し　　DC

訓練　　BTs, MMs

対する批判と準備

0779

実習日

		訓練 第十八日 午后	
砲術及び甲板	1300 1550	UTE-17-S	短艇引上ゲ及び引降
作戦	1300 1550		水先嚮導,航法及び I.S.
機関	1300 1350	UTE-18-D-C	航海中損傷訓練 艦体当金(パッチ当て)
	1500 1550		航海中損傷訓練
総員	1600		明日の実習 明後の訓練に対する

海上		
部署 用意完了訓練　　電話通話訓練 変探捕捉 来れば JD航空機使用) 555-B、A及び B級火災		
練		
関する見張並に訓練 に訓練 計儀日差修正		
(C級) 爆発	MM、EM BT、 DC	
B級)	MM BT	

0780

実習日

		訓練 第十九日 午前 ・ 海	
総員	0815 0920	505-E W-41-D 105 85 540-G	~~戦斗訓練~~―総員部署 戦斗配置配員 資材整備及び用意 目標的指示及び獲得 航空射撃（出来れば 爆弾命中　、555-|
砲術及び甲板	0920 1120	'	火災・救助訓練
	1130		錨訓練
作戦	0815 1130		水先嚮導に連関せ 航法及び I.S.E. 訓 自差補償羅針儀
機関	0815 1130	UTE-55-E UTE-23-E UTE-18-E	発動機火災（C級 ボイラー外殻爆発 魚雷命中
		UTE-54-E	ビルヂ火災（B級

年月日		
治整頓		
I.S.E.に連関し見張者に訓練		
射対	PMM	
内の	BT	
する批判及び準備		

0781

実習日

		訓練第十九日 午后	海上
砲術及び甲板	1300 1550		艦内照準器と砲台整
			火災並に救助
作戦	1300 1550		水先嚮導, 航法及び I.S.E.
機関	1300	UTE-18-E	空気圧搾機並に機関
		UTE-30-E	F.P.加熱器排水内の
	1550	UTE-18-D*D	船体排栓
総員	1600		明後の訓練に対する
			明日の実習

海　上

習

用意完了訓練 要員取付け整備
練
補捉
れば TD航空機使用)
完備射命中

備

救助救急

弾薬取扱

見張と訓練

度
均衡(節用)
配電修復

MMs, BTs,
DC.

0782

実習日

		~~訓練~~第二十日午前	
総員	0815 0920	505-E W-41-D 105 85	戦斗~~教練~~ 総員部署 戦斗配置 完了員 資材整備 ~~■~~ 及び用意 電話通話訓練 目標的指示及び獲得 空中探索（出来れば 猛爆命中 後続備
砲術及び 甲板	0930 1020		艦船放棄準備 火災並に救助 ~~舷外訓練~~
	1030 1120		~~安全注意~~ 指導 及び弾
作戦	0815 1200		I.S.E.に連関せる見
機関	0815 1130	UTE-59-E UTE-18-D	装置及追加 温度 ~~適当~~ ~~[illegible]~~、配

身上		
荷物輸送授受		
見張並に訓練		
度均衡(節用) 操作　UTE-18-D-E 機械部分への命中DC.	MMs, BTs, EM	
に対する批判と準備		

0783

		實習日 ~~訓練~~ 第二十日 午后	海上
砲術及び甲板	1300		郵便物及び軽少荷物
作戰	1200 訓練終了迄 時間一杯		I.S.E.に連関せる見張
機関	1300	UTE-59-E	装置迄廻加 温度均 輪 輪轉装置操作
総員	1600		明日の実習 ~~明後の訓練~~に対す

海上		
部署 け警備 得捕捉 ば JD航空機使用) 留尾) 室修理作業		
用		
張~~交通~~及び訓練		
の断絶と復活旧. 故障	MMs BTs DC	
電状況調査	MMs EM	

0784

実習日

		訓練第二十一日午前	海
総員	0815. 0920	585-E W-41-D 105 85 545-B	戦斗訓練、後甲部署 戦斗配置充員 資材整備 兵器取付け整備 目標的指示、及び獲得捕捉 空中探索（出来れば 特攻機爆発（艦尾） 修理班員の機関室修 見張教育
砲術及び甲板			艦船放棄準備 火災及び救出
			艦外訓練 溺者救助教練
	出動時刻 1200		I.C.E.に連関見張させる
機関		UTE-67-E UTE-28-E UTE-29-E UTE-20-D	艦機管制通信の断絶 F.O. Service ポンプ故障 F.O. タンク内の水 消火（一般）
		UTE-56-E UTE-	舵機損傷 艦船装置への配電

海上　　　　年　月　日

…(判読不能)

…及び訓練

MMs, BTs,
D.C

…対する批判と準備

0785

実習日

~~訓練~~第二十四日午前

砲術及び甲板	1300 1400		航海中、 短艇引上げ引き降し.（[illegible]
作戦	1200 ~~時間未定~~ 訓練終了迄		I.S.E. 連関する見張及び…
機関			艦務学課の復習
		UTE-20-D	A級火災消防訓練
総員	1600		明日の実習 ~~明後の訓練~~に対す

、講中　　　年　月　日

完了動練　整又取付け装備
信器接触（想定 Canned problem）
中（指信儀）

装填、操作、及び安全注意
指導

信号書

MMs.
BT
BT
DC

EMs.

0786

		実習日 訓練第二十二日 午前　入港	
総員	0815 0920	505−E 510−A	戦斗教練 総員部署 戦斗配置完員 造艦整備及び用意完了を 戦争戦策，対潜調音器 操舵機室に魚雷命中（揺 A級及びB級火災 艦艇放棄準備
砲術及び 甲板	0930 1130		水中爆雷ー充填，装填．
作戦	0930 1130	UTE−52−E UTE−1−R	予防整備 識別訓練
	0930 1020	UTE−12−0	萬国信號書
	1030 1130	UTE−12−0	信号訓練ー萬国信号書
機関	0930 1130	UTE−39−E 43−E 共 UTE−32−E UTE−20−D−B	主要機関損傷 給水圧力喪失 B級火災消防訓練
		UTE−39−E 43−E 共 UTE−24−E UTE−70−E	主要機関損傷 低潮水位低下 被害運轉

会12
港中　　　　年　月　日

…(ベッヂホッグ)及びベッヂホッグ発射器了解

…海上位相に関する批判　　SMRQM RM
…池及び海上位相の復習
…に実物模造品及び海上位相状態の復習

　　SM及QM RM
…也

…未完)　　MNs及BTs

…結　　DC.

…に対する批判と準備

0787

実習日
~~訓練~~ 第二十二日 午后　　接岸 入港中

砲術及び甲板	1300 1550		MK. 10 A/S 発~~射~~器（ヘッジ
作戦	1300 1450		水先嚮導（復習）海上 記録、日誌、綴、其他、及び
		UTE-40-0 UTE-54-0	Attack teacher 及び IC1
	1500 1550		要用具使用法 記録、日誌、綴 其他
	1300 1550	UTE-2-R	識別訓練
機関		UTE-39-E 43-E 共	主要機関損傷（未完）
		UTE-20-D-C	C級火災消防訓練
		UTE-39-E 43-E 共	継続
総員	1600		~~明後の訓練~~に対 明日の実習

入港中　　　　年月日

印写

~~[illegible]~~用意完了訓練　器具取付け整備

されば JD航空機使用)

~~[illegible]~~演習（JD航空機使用又は Canned problem)）

捕捉

尚のチェック検査

~~射引合せ訓練~~

~~射引合せ訓練~~

尚の検査

状態

務，日誌，海上~~位相~~把判等の復習　　SM及びQM

回線と把判　　RM，RD及びSO

維持

~~跳帆文素具~~　　DC

ジャンパー装備

		演習日 訓練第二十二日午前	入
総員	0815 0920	510-A	戦斗教練 総員部署 資材整備及び [illegible] 用 探索訓練（出来れば [illegible] 目標の指示及び捕捉 消火訓練 見張教育 應急手当教育
砲術及び 甲板	0930 1020		装填訓練 各砲予備発射訓練 [illegible]
	1030 1130		各砲予備発射 [illegible]
作戦	0930 1130	UTE-1(1)-0 UTE-24-0 UTE-51-0	操舵手の任務，日誌 無線訓練回線 装置の予防維持
機関	0930 1130	UTE-21-D	消火訓練－[illegible] ニヤン [illegible]

入渠中　　　　年　月　日	
証作業	
（セマフォア信号、信号旗揚場、閃光灯）	SM及QM
器、経路追跡記《航跡記》、其他	RM
及び CIC 実物大模造物	RD及SO
	SM及QM
寝床使用）	DC
習 練の批判と準備	

0789

実習日

		訓練第二十三日午后　入	
砲術及び甲板	1300 1650		予備発射引合せ作 射撃前の検査
作戦	1300 1450	UTE-13,14,15-0	信号訓練 ―(セマフオ 記録、日誌、綴、経 航
	1300 1650	UTE-40-0 UTE-54-0	attack teacher 反
	1500 1650		航道路法復習
	1300 1550	UTE-2-R	識別訓練
機関	1300 1450	UTE-22-D	消火員訓練(泡沫
総員	1600		明日の実習 ~~明後の訓練~~の

海上		
完了訓練 要具取付け整備 号 捕捉 時)		
~~訓練~~		
AW 速閉せる見張	RD及SO RM,SM,QM	
習	MMs, BTs,	
習	MMs, BTs.	

0790

		実習日 訓練第二十四日 午前　　海	
総員	0815 0920	505-E -W-41-D	戦斗教練―総員部署 戦斗配置充員 発射整備並に用意完了ま 目標的指示及び獲得 捕捉 探索（標的入手時） 艦船放棄準備
砲術及び甲板	0930 1130		予備発射引合せ訓練 射撃前検査
作戦	0930 12.00		ASW訓練 Y-30-AW 艦内整合 ASW教練及訓練に関
機関			既習学課の復習
			既習学課の復習

海 上	
註	
Y-31-W) 対潜訓練?	RD及SO
速関せる見張	RM, SM及QM
復習	MMs, BTs, EM
~~[illegible]~~ CO_2 消火器	DC
復習	MMs, BTs.
練に対する批判と準備	

0791

		実習日 訓練 第二十四日 午后	[illegible]
砲術及び甲板			予備発射引合せ 射撃前検査
作戦	1300 1600		ASW訓練（Y-31 [illegible] ASW訓練に連関せ [illegible]
機関		UTE-23-D	既修学課の復習 [illegible] 消火訓練 [illegible] 既修学課の復習 [illegible]
総員	1600		明日の実習 明後の訓練に [illegible]

海上　　　　年　月　日		
—徒手打字 …用意完了訓練 要具取付け装備 …練 …獲得捕捉 …来れば JD航空機使用) …及失敗		
…引合せ		
…Y-41-AW 45°回避修正) …訓練に連関せる見張	RD, SO, RH, QH, SM.	
…繰返 …の損失 …公式実検	MMs BTs DC	
…繰返 …の向上	MMs BTs	

0792

		実習日 訓練第二十五日 午前 海	
総員	0815 0920	505-E W-41-D 105 85 540-G 555-B	戦斗教練 —— 総 戦斗配置充員 資材整備並に用意 電話通話訓練 目標的指示並に獲得 空中探索（出来れば 爆弾命中 A級及び B級火災
砲術及び甲板	0930 1120		予備発射 列会せ 弾薬の検査
作戦	0930 1200		ASW 訓練（Y-41- ASW 実習と 訓練
機関	0930 1130	UTE-26-E UTE-25-D	所要訓練の繰返 燃料油吸入の損 消火装置の非公式実
		UTE-25-E	所要訓練の繰返 高潮 水位の向上

海上	
…せ訓練	
…射器発射試験(時間許せば)	
試験(時間許せば)	
…1-AW(45°回避に修正)	RD及SO
…訓練に連関し見張些直	RM,SM,QM
	DC
…に於ける講義	
…に対する批判と準備	

0793

実習日
訓練第二十五日午后　．　海

砲術及び甲板	1300 1500		A/S 兵器の引き合せまで 検査
	1500 1550		MK型10 A/S発射器
			水中爆雷構造試験
作戦	1300 1550		ASW実習 Y-41-AW
	1200 1550		ASW実習及び訓練に
機関	1300 1550	UTE-24-D	戦斗問題の予備に於け
総員	1600		明日の実習に対

〔〕 海上		
一名部署 員 需兵取付け整備 及び用意完了訓練　電話通話訓練 び獲得捕捉 出来れば JD 航空機使用) C級火災		
事 (…edge) How)		
術実習に連関せる見張と訓練		
反覆・復習	MM. BT. DC. EM.	

0794

		実習日 第二十六日 午前	
総員	0815 0920	505-E W-41-D 105 85	戦中教練 総員部署 戦斗配置 充員 資材整備及び用意 目標的指示及び獲 空中探索（出来た 猛爆命中
砲術及び甲板	0930 1030	45F 56	砲術実習 高射砲射撃 Z-5-G (AA Georg
	1030 1130		Z-9-G (AA How
作戦	0930 1200		航法及び砲術実
機関	0930 1130		所要個所反覆

海上　　年　月　日

G《AA Uncle》高射砲発射)

ge)

3)
然對練に連関せる見張

習.

EM, BT, DC, MM

に対する批判と準備

0795

		実習日 第二十六日 午后　海	
砲術及び甲板	1300 1400		砲術実習(Z-7-G (AA
	1400 1500		Z-5-G (AA George)
	1500 1630		緊急事態訓練
			交代実習(操艇)
作戦	1200 終了迄		砲術及び緊急事態訓
機関			所要個所 反覆・復習
総員	・1600		12月1日 ~~接舷訓練~~に対 の実習

海上　　　　年月日		
器 取付状　致す配置配え 取付け状態… 器捕捉 , JD航空機使用) 粉砕(船尾)命中		
70G, AA How 高射砲発射)		
e) 及被曳航		
法に連関し見張及び訓練		
復習	MMs, BTs, DC, EMs.	

0796

		実習日 第二十七日 午前	
総員	0815 0920	505-E W-41-D 105. 85 545-D	~~戦斗教練~~ 総員部署 ~~配員資材事情~~ ~~要員配は~~ 資材整備事情 要員取付け 目標的指示及び~~獲得~~捕捉 空中探索（出来れば，JD ~~[illegible]~~ 特攻機~~艦尾~~粉砕 命中 操舵室修理班 見張教育
砲術及び甲板	0930 1020		砲術実習（2070G
	1030		2-5-G (AA George) 交代実習 ― 曳航及被
作戦	0800 1200		1.S.E.砲及び航法に
機関			所要個所反覆・復習

海上

-ワーG. AA George 高射砲射撃)

George)

般訓練

準態と一般訓練)

に連関せる見張及び訓練

復習

習に対する批判と準備

0797

		実習日第二十七日午后	
砲術及び甲板	1300 1400		砲術実習（マーク-G.
	1400 1500		マーク-5-G（AA george
	1500 1530		緊急事態及び一般訓
			交代実習（緊急事態
作戦	1200 終了迄		砲術及び I.S.E, 12連
機関			所要反覆及び復習 （箇所）
総員	1600		明日後の実習に

海上 年 月 日		
505-E 戦斗配置完員 変化(捕捉 JD航空機又は Canned problem) 訓練 明告法		
事態訓練 訓練		
見張及び訓練		
及び復習		

0798

		実習日次二十八日午前	後
			総之部署
総員	0815 0920	105 40-E 40-D	戦斗教練　505- 日本軍艦指示及び復帰 火災及び救助訓練 電話通話訓練 発令規準及び用語法
砲術及び甲板	0930 1130		一般及び緊急事態 交代高射砲射撃訓練
作戦			実習に連関せる見張
機関			所要箇所反覆及び

海上	
緊急事態訓練	
見張及び訓練	
及び復習	MM, EM, DC, BT,
に対する批判と準備	

0799

		実習日 第二十八日 午后	
砲術及び甲板	1300 1550		一般操縦及び緊急
作戦	1200 1550		実習に連関せる見張及
機関			所要箇所反覆及び
総員	1600		明日の実習に対

海上		
…総部署 …用艇の完了訓練 要员取付け整備 出来れば JD航空機を利用） …訓練		
…術に関する講義		
…戦斗問題の矛盾		
…戦斗問題の矛盾		

0800

		実習日第二十九日午前	
総員	0815 0920	510−A	戦斗教練 総員部署 資材整備及び用意 探索訓練で出来れば 衝突訓練 艦退船放棄訓練
砲術及び甲板	0930 1020		損傷訓練 一般訓練
作戦	0930 1120	UTE−24−D	戦斗問題の矛盾について
機関	0930 1020		応急 損傷管制及び戦斗
	1030 1130		損傷管制 及び 戦斗 応急

入港中　　　　　年　月　日

訓練

射撃後の調検査

関する教育

指揮訓練

指揮訓練

に対する批判と準備

0801

		実習日第二十九日午后	入
砲術及び甲板	1300 1350		火災及び救助訓練
	1400 1450		~~発射後引合せ~~ 射撃
作戦	1300 1350		破壊配置表に関する
機関	1300 1350		機関科士官指揮
	1500 1550		機関科士官指揮
総員	1600		明日の実習に対

[illegible]
入党中　　　　年　月　日

批判

0802

		実習日第三十日午前　入	
総員	0800 0920		~~戦斗訓練~~ 総員部署
砲術及び甲板	0930 1020		更新
作戦	0930 1020		更新
機関	0930 1020		更新
総員	1130		訓練問題抽

28

0803

一九五一年十二月二十日

大型上陸援護艇用（LSSL）

乗員習熟訓練予定表　十五日分

在日出動訓練隊

0804

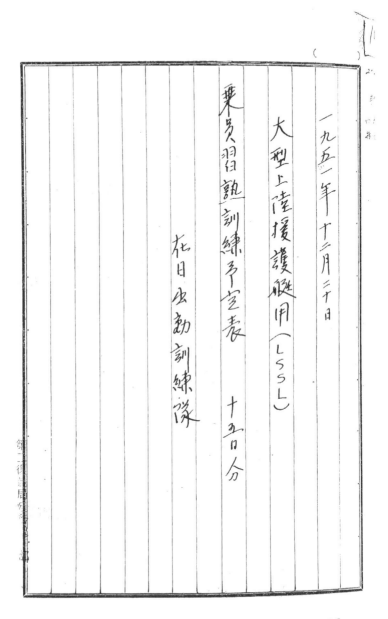

(　　　　)

（　　　）

乗員羽田熟達訓練予定表

序言

一、訓練に対する責任

出動訓練隊（ＭＴＥ）が毎週出す作業命令により修正された本予定表を遂行する責任は、西太平洋艦隊訓練團員、在日出動訓練隊指揮官と訓練を受ける艦船の艦長との協同責任とする。

二、訓練監督官

出動訓練隊士官は訓練協力者として行動し且右艦長と西太平洋訓練団並在日出動訓練隊指揮官との連絡をとる為該艦に任命される。

三、出動訓練隊教官

在日出動訓練隊教官は毎日予定訓練並に教育につき該艦長を援助するものとする。

第二復員局残務處理部

0805

(　　　)

四、訓練の目的と範囲

乗組員訓練の究極の目的は協同動作を行ふ為各部署間相互の調節を計ることを強調し、平常並に戦斗任務に服する船舶士官並に乗組員を教育訓練するに在る。該目的は左記事項を累進的に履修せしむることにより達成される。

(イ)履修要員全部に対する基本的個別的教育

(ロ)有経験者に対する個別的補修教育

(ハ)修理班、砲員班其の他の班に対する初歩協同訓練

(ニ)船全体を一単位としての実践協同訓練

五、訓練準備

船舶の準備の多寡により訓練期間に獲られる最終的有効性は大いに左右される。細目に及ぶ準備こそ不可欠である。本定義を受領したらば該船長は左記事項を行ふこと。

0806

（　　　　）

(イ) 戦中配置表に列挙された戦中部署に士官並に乗員を編成配員すること。

(ロ) 毎日当日用教案を作製し乗員に公表すること。

同教案は該教育を受くべき者又は班の名簿、各教育期間、教育場所等を列記すること。在日出勤訓練隊は当日用教案作製を援助する。

六、予定表細目

予定表は毎日一枚当日用訓練内容を記す。前面には午前中割当分を裏面には午後割当分を記す。

毎日午後四時、将来の教案立案会議を開くこと。

本予定表は練習艦の割当や訓練中の乗員の勤務が経験及進歩に適合せしめる為要すれば補正される。

訓練時間は次の通りである。

0807

（　　　）

午前

(一) 〇八〇〇－〇九〇〇

(二) 〇九三〇－一〇三〇

(三) 一〇三〇－一一三〇

午後

一三〇〇－一四〇〇

一四〇〇－一五〇〇

一五〇〇－一六〇〇

西太平洋航空隊訓練団司令兼在日出動訓練隊指揮官

海軍大佐　レックス　ダ　リットン

0808

—12—20

対する乗員習熟訓練予定表

動訓練隊

0809

1951－1

LSSLに対

在日出勤

〔〕巻中　年月日	記事	訓練場所
〔〕教育題目		
称		
説		艦
〔〕内旅行		艦
〔〕及び砲術科旅行 〔〕及び砲術科旅行		艦 艦
〔〕(要具取付整備) 〔〕	機関総員 EM	艦 艦
〔〕び習熟 (一般,ア一部)	D.C. D.C.	艦 艦

0810

科別	時間	実習日第一日 午前　入港	
		実習又は教	
		略称	名
総員	0810-0920		事前解説
砲術及び甲板	0930-1020		砲術科艦内
作戦 戦斗指揮 通信 航海			事前解説及び 事前解説及び
機関	0930-1120	UWATE-510-A	機関科の習熟（ 電気科の習熟
應急	0810-0920	UWATE-1-D	應急入門及び習
	0930-1020	UWATE-2-D	應急編成（一般

港中 年 月 日		
科 艦内旅行)	GM	艦
MN-3635)	RD	A-20
丸	RM	艦
	QM	艦
科 艦内旅行)	機関総員	艦
	EM	艦
玉、第二部)	D.C.	艦
と艤装 方	D.C.	艦
料と準備		

0811

		実習日第一日午后　入港	
砲術及び甲板	1310-1600		事前解説（砲術科
作戦・戦斗発令所			
	1310-1500		レイダー入門（映画 MN
通信	1310-1500		無線受信機習熟
航海	1310-1600	UTE-L(4)-N	日ノ出及日ノ入
機関	1310-1500		事前解説（機関科
	1310-1500		電気装置習熟
応急	1410-1500	UWATE-3-D	応急編成（修理班、
	1410-1500	UWATE-4-D	甲板及区劃の数え方と船 番號のつけ方
総員	1600		明日の実習に対する批判

入港中　　年月日		
ナサ		艦
員		
綱・整度	RD	艦
留熱	RM	艦
回記号	QM	艦
ディゼル機関基本原理	機関教員	艦
動機操作	EM	艦
	D.C.	艦
閉鎖法	D.C.	艦

0812

		実習第二日 午前 入港	
総員	0810-0920		総員部署につけ
砲術及び甲板	0930-1120		砲員選抜及配員
作戦 戦闘発令所	0930-1120	UTE-49-O	レイダー操作、整調、
通信	0930-1120		無線送信機習熟
航海	0810-1120	UTE-1(2)-N	海図読み方と海図記
機関	0930-1120		主要並に補助ディゼル
	0930-1120		ディゼル電気発動機
応急	0810-0920	UWATE-6-D	完全防水室
	0930-1020	UWATE-8-D	扉及びハッチ閉鎖

入渠中　　　年月日		
及び配員	GM	艦
教育	RD	艦
訓練	RD	艦
用機習熟	RM	艦
助エンヂン燃料機関	機関総員	艦
機関実地調査	EM	艦
助エンヂン燃料機関	機関総員	艦
試験	DC	艦
験（完全防水	DC	
対する批判と準備		

0813

		実習日第三日午后	入
砲術及び甲板	1310 1600		砲員選抜及び下
作戦 戦斗発令所	1310-1400		電話通信教育
	1410-1500		電話通信訓練
通信	1310-1500		送受信兼用機
航海			
機関	1310-1400	UTE-840A-B	主要及補助エン 電灯及動力機
	1410-1500	UTE-840C-D	主要及補助エ
応急	1310-1400	UWATE-7-D	完全防水試
	1410-1500	UWATE-9-D	白墨試験（
総員	1600		明日の実習に対する

入港中　年月日		
毛布、電話通話訓練、見張教育		艦長
ire School) 火災学校		校舎H-61
習（消火教練に欠席の時）	RD	艦長
作	RM	艦長
	QM/SN	艦長
発動法	機関総員	艦長
動機の復習と操作	EM	艦長
般、ABC級火災、映画）	D.C.	A-20

0814

		実習日第二日午前　入港	
総員	0810−0920		総員部署[illegible]、
砲術及び甲板	0930 1120		隊~~[illegible]訓練~~法 射撃法?(Fire
作戦 戦斗艦部	0810−0920	UTE−49−0	レイダー操作復習(
通信	0810		無線受信操作
航海	0810	UTE−5(1)−N	水先術等
機関	0930−1120	UTE−835	ディゼルエンジン発
	0930−1120		ディゼル電気発動機
応急	0810 1120	UWATE−39, 40, 41, 42	消火訓練(一般

入港中　　年 月 日		
修校(Fire School) 火災学校		機…
(消火教練に欠席の時)	RD	班
力遂進機関	機関総員	班
配線の復習	EM	班
A.B.C級火災)	DC	機…
手入と準備		

0815

		実習日第三日 午后	入
砲術及び甲板	1310-1600		~~消火教練~~ 射撃法
作戦 戦斗発令所 通信 航海	1310-1500	UTE-49-0	レイダー操作復習（消火
機関	1310-1500		ディゼルエンヂン動力運転
	1310-1500		電灯及び動力機関配線
応急	1310-1600	UWATE-39, 40, 41, 42	防火教練（一般 A B
総員	1600		明日の実習に対する注

入港中 年月日		
十艦配員，要具取付整備及び見張教育		船長
砲 MN-1547(a) 20ミリ砲 #1-G MN-1547(b) 20ミリ砲 #2-G MN-2469，40ミリ砲 #7-G MN-2026，3/50口径砲	FC/GM	A-20
~~…（…時）~~ …学校（休講の際）	RD	船長
	RM QM/SM	船長 船長
…ルエンジン整備 …	機関総員 EM	船長 船長
…（…ABC級火災，映画）．		

0816

		実習日第四日　午前　入港	
総員	0815-0920		総員部署につけ。戦斗配置
砲術及び甲板	0815-1120		総員部署につけ　映画 MN MI MI M.
作戦 戦闘発令所	0930-1020	UTE-44-0	~~海面~~水上射撃（~~[illegible]~~ Fire [illegible] （火災台
通信	0930-1020		~~周波数~~測深器操作
航海	0930-1020	UTE-1(1)-N	操舵員の任務
機関	0930-1020	MFG. INST. 教科書	主要及び補助ディーゼルエ
	0930-1020		輪転羅針儀操作
応急	0810-1120	UWATE-39, 40,41,42	消火教練（一般・A

入渠中　　年 月 日		
務(20ミリ、40ミリ及び3"/50口径砲)	FC/GM	艦
ミ	RD	A-20
作	RM	艦
損傷(主要及び補助機関)	機関総員	艦
操作	EM	艦
般、A.B.C級火災)	応急	技会H-61
に対する批判と準備		

0817

		実習日次四日午后　入港	
砲術及び甲板	1310-1600		砲員の部署及び任務(2
作戦 戦斗発令所 通信 航海	1310-1500		海上《水上》測的訓練
	1310-1410		遠隔管制操作
機関	1310-1400	UTE-840及 UTE-845E	ディゼル・エンジン損傷(
	1310-1600		輪轉羅針儀操作
應急	1310-1600	UWATE-39, 40, 41, 42.	防火教練(一般, A
総員	1600		明日の実習に対す

港中　　　年　月　日		
要具取付整備、電話通話訓練		艦
分解	FC/GM	艦
ニ	RD	艦
練	RM	艦
	QM/SM	艦
)	D.C.	艦
用、第一、第二、第三部)	D.C.	艦
機関室注油~~機関~~系統)	機関総員	艦
線及びA回線	EM	艦
	機関総員	艦
線及びA回線	EM	艦

0818

		実験第五日 午前　入港	
総員	0810- 0920		総員部署に就け、要員
砲術及び甲板	0930- 1120		各砲の組立て及び分解
作戦 戦斗発令所	0930- 1020		真及び相対方位
通信	0930 1020		周波数変更訓練
航海	0930 1120	UTE-2(3)-N	クロノメーター
応急	0930 1020	UWATE-11-D	管系統機関(入門)
	1030- 1120	UWATE-12-D UWATE-13-D	管系統機関(消火用、オ
機関	0930- 1020		タンク及び機関(機関 呼鈴機構、E回線及
	1030- 1120		海図と図形 呼鈴機構、E回線及

巻中 年月日		
分解	GM.	艦
	甲板	艦
	RD	艦
操作	RM	艦
ゼルエンジン発動並に運転	機関絡員	艦
回線及びA回線)	EM	艦
main 第二部)	D.C.	艦
main 第二部)	D.C.	艦
に対する批判と準備		

0819

		実習日第五日午后　入港中	
砲術及び甲板	1310-1600		各砲の組立及び分解
	1310-1600	UTE-1-S	碇泊要具
作戦 戦闘指令所 通信 航海	1310-1600	UTE-47-0	対空中測的訓練
	1310-1400		SCR 608及610操作
機関	1310-1600	MFG. INST. 教科書	主要及び補助ディゼルエ
	1310-1600		呼鈴機関（E回線
応急	1310-1400	UWATE-12-d	管系機関（Firemain
	1410-1508	UWATE-13-D	管系機関（Firemain
総員	1600		明日の実施に対す

〔…〕完了 年 月 日		
〔…〕etail 試験		処置
〔…〕 操作	GM	処置
	RD	A-20
	QM/SM	処置
	機関総員 機関	処置 処置
〔…〕撒水機関 装置) 〔…〕機関 装置、第一部)	D.C. D.C.	処置 処置

0820

		実習日第六日午前　入港H	
総員	0810-0920		Station Special Sea. Detail
砲術及び甲板	0810-1120		装填及び損傷訓練 基準発令措置 発煙機の教育及び操作
作戦 戦闘発令所	0930-1120	UTE-46-C	レイダー航法
通信 航海	0930-1120	UTE-2(1)-N	万国信号書使用
機関	0810-1120	UTE-56-E	操舵機関
	0810-1120		I.C.回線(一般)
D.C.	0810-0920	UWATE-14-D	管系機関(火薬庫撒水
	0930-1020	UWATE-15-D	管系機関(排水機関系統

…施中　　年　月　日	記事	訓…
…教育週間		
…名　　称		
…使用法、映画 MN-1549-15-G	GM/FC	A-2…
	甲校	艦
…法復習	RD	艦
	EM	艦
…（第二部、第三部）	D.C.	艦
…（第一部.）	D.C.	艦
…する批判と準備		

○A-20

0821

科別	時間	実習日第六日 午后 入港	
		実習又は講	
		略称	名
砲術及び甲板	1310-1600		砲照準器第14号使用法
	1310-1600	UTE-2-S	索鋼鉄運用術
作戦 戦斗覚令 通信 航海	1310-1500	UTE-44-47-D	対空中及~~海面~~水上測的探索法行
機関	1310-1600	MFG. INST. 教科書UTE-56E	操舵機関
	1310-1600		I.C.回路(一般)
応急	1310-1400	UWATE-16-D	管系機関(排水　第
	1410-1500	UWATE-17-D	管系機関(通風　第
総員	1600		明日の実習に対する

ﾞ施中　　年　月　日		
a Detail　試験		船長
員傷訓練 実地調査訓練(各担当)	FC/GM	船長
	RD EM/MM	船長 船長
	QM/SM	船長
ルエンジン発動・操作 と修理)	機関総員 EM	船長 船長
風 第二部 操作) 風 第二部 緊急)	D.C. D.C.	船長 船長

0822

		実習日第七日 午前 大港…	
航海	0810-0920		Station Special Sea De…
砲術及び甲板	0930-1120		各砲の装填及び損傷… 51型方位盤用法 照準手及び旋回手実地…
作戦	0930-1020	UTE-　-0	単純化理的
戦斗発令所	0930-	UTE-54-E	安全注意
通信航海	0930-1120	UTE-3(2)-N	太陽方位
機関	0810-1120	UTE-835(a) UTE-835(b)	主要及び補助ディゼル・エン…
	0810-1120		高音電話（手入レと修…
応急	0810-0920	UWATE-18-D	管系機関（通風 …
		UWATE-19-D	管系機関（通風 …

入港中　　年月日		
	GM/FC	船
繋留索使用法	甲板	艇
操作及びレイダー航法	RD	船
操作	機関総員	船
手入及び修理)	EM	艇
課目の復習	D.C.	船
課目の復習		
対する批判と準備		

0823

		実習日オ七日 午后　入港	
砲術及び甲板	1310-1600		砲台整頓
	1310-1600	UTE-3-S	甲板運用術ー繋
作戦 戦斗発令所 通信 航海	1310-1600	UTE-49-46-0	復習ー装置操作
機関	1310-1600	UTE-57-E	加熱ボイラー操作
	1310-1600		高音電話（手入
応急	1310-1400		先週中履修全課
	1410-1500		先週中履修全課
総員	1600		明日の実習に対

航海教中　　旬日ら		
し		艦
上陸、各訓練 云	GM 甲板 甲板	艦 艦 艦
こグ及操艦教育(余茵) 引し実習海面への航行中の測的、探索及びレイダー	RD/SN/QM	艦
	RM	艦
業	QM/SM	艦
ン発動(海上出動運転) 電池手入れ カ及び操作) 蓄電池手入れ	機関総員 EM 機関総員 EM	艦 〃 〃 〃
ョンソン P-500型及びハンドライリー P-60型)	D.C.	〃

0824

		実習日第八日 午前 海	
総員	0810		実習の為出艇
砲術及び甲板	0930 1120	UTE-4-S	20ミリ火薬装填、各 短艇操縦 測鉛線使用法
作戦 戦闘情報所	0810 1120		士官向ラバードッキング及び 艇内実習ニ連関シ実 航法訓練
通信／航海	0930- 1020 0810- 1120		受信機整備 航海の一日分作業
機関	0810- 0920 0930- 1120	UTE-835(a) UTE-835(b) UTE-45 UTE-46-G	主要・補助エンジン発動 充電機関及蓄電池 脱水機（発動及び 充電機関及び蓄電
應急	0810- 1120	UWATE-23-D	携帯ポンプ（ジョンソン

数中		
訓練（51型大砲用方位盤用法） 訓練	GM/FC	艦
び理的	RD	艦
艦		
	QM/SM	艦
操作）	機関総員	艦
池手入れ	EM	〃
	D.C.	〃
批判と準備、		

0825

		実習日 第八日午后　海勤中	
砲術及び甲板	1310-1600		各砲台装填・損傷訓練 各砲台実地調査訓練
作戦 戦斗発令 通信 航海	1310-1600		レイダー航法, 探索及び理
			ラバードッキング及び操舵
	1310-1400		信号旗揚揚訓練
機関	1310-1600		駆逐機(発動及び操
	1310-1600		充電機関及び蓄電池手
応急	1310-1600	UWATE-25-D	四インチ排水機
総員	1600		明日の実習に対する批

海動中　　年　月　日		
.見張教育、要具取付整備		艦
損傷訓練 訓練	GM	艦
キエク及び操舵訓練（全部） レイダー航法	RD/QM SM	艦
	RM	〃
復習	QM/SM	艦
由用遠心分離器操作. エンジン操作	機関総系	艦
	EM	〃
	D.C.	〃

0826

		実習日次九日午前　論…	
総員	0810-0920		総員部署に乗せ、見張…
砲術長及び甲板	0810-1120		各砲装填及び損傷… 基準命令 各砲実地調査訓練…
作戦 戦斗情報室	0810-1120		士官向け ラバー・ドッキング… 理論的、探索及びレイダー…
通信	0930-1020		送信機整備
航海	0930-1120	UTE-1(1)-N	操舵手の任務 復習
機関	0930-1120 0930-1120	MFG. INST 教科書	燃料油及び潤滑油用… 主要・補助ディーゼルエンジ… 電気的安全注意
応急	0810-1120	UWATE-26-D	修理班整備

海動中		
射撃前の検査一覧表 射撃後の検査一覧表		艇長
		艇長 艇長
航法（入港中、運動諸盤）	RD	艇長
整備	機関総員	艇長
	EM	艇長
	D.C.	艇長
する批判と準備		

0827

		実習日第九日　午后		備
砲術及び甲板	1310-1600		予備発射引合せ表（抹消） 発射後引合せ表	射
		UTE-6-G UTE-9-S	安全注意講義 損傷対策	
作戦			操艦	
戦斗発令所	1310-		訓練、探索及びレイダー航	
通信				
航海				
機関	1310-1600		冷却機関の操作及び整	
	1310-1600		電気的安全注意	
応急	1310-1600	UNATE-28-D	損害調査	
総員	1600		明日の実習に対する批	

海勤中　　年 月 日		
情報教育、損傷対策訓練		艦
損傷訓練 訓練		艦
及び操艦 レイダー航法（入港中、演習盤）	RD	艦
	RM/RD QM/SM	艦 艦
装 装	機関総員 EM 機関総員 EM	艦 〃 〃 〃
	D.C.	艦

0828

		実習日第十日　午前　海	
総員	0810- 0920		総員部署につけ、見張教
砲術 及び 甲板	0810- 1120		安全注意 各砲装填及び損傷 各砲実地調査訓練
作戦 戦術発令所	0810- 1120	UTE-43-0	士官向け水先術等及び 3則的、探索、及びレイダー
通信	0930- 1020		無線電話通話法
航海	0830- 1100		道路法規
機関	0930- 1020 1030- 1120	UTE-1-E	損傷対策 損傷動力に対する艤装 発煙機操作 損傷動力に対する艤装
応急	0810- 1120	UWATE-29-D	支柱　第一部

出動中　年月日		
び　航海兵器点検及び艤装 ーコック―士官	GM/DECK	艦
び水先嚮導		艦
的及び探索(入港中、演習整)	R.D	艦
	機関総員	艦
び装	EM	艦
	D.C.	艦
に対する批判と準備		

0829

科別		実習日第十日午后　海	
砲術及び甲板	1310-1600	UTE-9-G	不発弾取扱ひ MOVIE MN-3231-コック
作戦 戦斗発令所 通信 航法			(士官向)操艦及び水
	1310-1600		レイダー航法，理論的及
機関	1310-1600	UTE-1-E UTE-8-E	損傷対策
	1310-1600		損傷動力機装
応急	1310-1600	UNATE-30-D	支柱　第二部
総員	1600		明日の実習に対

海勤中　　年　月　日		
ト、要具取付整備、船舶放棄訓練		船
射引合せ 呈重	GM	船
閉せる見張及び訓練 レイダー取扱法	RD	船 船
訓練 訓没)	RM QM/SM	船 船
応急法 備	機関総員 EM	船 船
	D. C.	船

0830

		実習日第十一日午前	
総員	0810- 0920		総員部署~~〔?〕~~、要
砲熕及び甲板	0810- 1120		各砲台 ~~予備発~~ 射引 射撃訓、検査
作戦 戦斗発令所	0810 1120		艦内実習に連関せる 訓的、操艦及びレイダー
通信	0930		周波数変更訓練
航海	0930- 1020	UTE-1(4)-N	復習（日ノ出及日没）
機関	0930- 1120	UTE-1-E	機関室損傷応急
	0930- 1120		電気的装置整備
応急	0810- 1120	UWATE-31-D	航行中損害

務中　　年月日		
射引合せ 検査	GM	舟艇
引下げ	SN	舟艇
せる見張と訓練		舟艇
レイダー航法	RD	舟艇
備（調速器） 備	機関総員 EM	舟艇 舟艇
備（注入器） 備	機関総員 EM	舟艇
整理	D.C.	舟艇
する批判と準備		

0831

		実習ロ第十一日午后　[illegible]	
砲術及び甲板	1310-1600		各砲台 ~~予備発射~~ [illegible]
	1310-1600	UTE-17-S	短艇引上げ及引下ご
作戦			艦内実習に連関せる
戦斗発令所	1310-1600		測的、探索及びレイダー
通信			
航海			
機関	1310-1400		ディゼルエンゲン整備（ 電気的装置整備
	1400-1500		ディゼルエンゲン整備（ 電気的装置整備
應急	1300-1600	UWATE-32-D	航海中水中孔修理
総員	1600		明日の実習に対する

海勤中　　年月日		
R		
海上《水上》射撃番部的管制の実習	GM	船長
及び船内訓練に連関せる見張と訓練		船長
羅針儀検定、自差補償羅針儀	QM/SM	船長
記録	機関総員	船長
整備	EM	船長
船体塞検(水密部)	D.C.	船長

0832

		実習日第十二日午前　海	
総員	0810 1120		総員部署につけ、 見張教育 電信通信訓練
砲術及び甲板	0810- 1120	X-9-G	掃海射撃実習
作戦戦闘指令所	0930 1020		水先案内業、航海及び
通信航海	0930- 1120	UTE-4(1)-N	磁気羅針盤と羅針
機関	0930- 1120 0930- 1120	BUSHIPS CH.6-型	日誌及び運転記録 電気的装置の整備
応急	0810- 1120	UWAIE-35-D	応急修理ー船体

~~勤中　　年　月　日		
	SN	船包
受接	SN	船包
一般法及び船内訓練に連関せる見張と		船包
	機関総員	船包
備	EM	船包
(体当金)	D.C.	船包
対する批判と準備		

0833

		実習日 第十二日午后 海…	
砲術及び甲板			
	1310-1600		周波数訓練
	1310-1600	UTE-24-S	曳航索通送及び受
作戦	1310-1600		水先嚮導、レイダー航 訓練
戦闘指揮所			
通信			
航海			
機関	1310-1600	UTE-53,54,55	A,B,C級火災
	1310-1600		電気的装置整備
D.C.	1310-1600	UWATE-34-D	應急修理（船体
総員	1600		明日の実習に対す

亜動中　　年　月　日		
見張教育、電話通話訓練		船
A George砲)　(G 高角砲) A Uncle 砲)　(U 高角砲) AA How 砲)　(H 高角砲)	GM	船
及び船内訓練に連関せる見張及び訓練		
系	QM/SM	船
傷及び安全注意	機関総員	船
操作と注意(後部)	EM	船
法入門	D.C.	船

0834

		実習日第十三日午前　編	
総員	0810-		総員部署に就け、見張
砲術	0810- 1120	Z-5-A Z-7-A Z-9-A	高射砲発射 AA 〃　CAA 〃　CAA H
作戦 戦斗発令所	0930- 1020		水先嚮導、航海、及び
通信	0930 1020		信号旗掲揚訓練
航海	0930- 1120	UTE-5(1)-N	水先嚮導演習
機関	0930- 1120	UTE-835 UTE-840	ディゼル・エンジン損傷及
	0930- 1120	UTE-845-E	転輪羅針儀の操作
D.C.	0810- 1120	UWATE-46-D	酸素吸入器用法入

?

海務中　年　月　日		
25	5	5
回旋管制実習	GM.	船
航法及び船内訓練に連関せる見張要領		
転法教育	機関総員	船
操作及び手入れの復習	EM	船
實第	D.C.	船
に対する批判と準備		

0835

		実習日第十三日午后　海	
	4	7	25
砲術及甲校	1310-1600		海上射撃近距離
作戦 戦斗発令所 通信 航海	1310-1600		水先誘導、レイダー航法 訓練
機関	1310-1600	UTE-835(A)	ディゼル エンジン 運転法
		MFG. INST. 教科書	輪転羅針儀の操作
應急	1310-1600	UWATE-47-D	酸素吸入器携帯
総員	1600		明日の実習に対

…ノ動中　　年月日		
(…eorge 砲) (G 高角砲) …Uncle 砲) (U 高角砲) …How 砲) (H 高角砲)	GM	艦
…法及ビ艦内訓練ニ速関セル見張及ビ		艦
	GM/SM	艦
…、主要機関ノ過度排煙、 …関 …復習	機関総員 EM.	艦 ・ 艦
…未使用教育)	D.C.	艦

0836

		実習日第十四日午前	海軍
総員	0810 1120		総員部署につけ
砲術及び甲板	0810- 1120	Z-5-A Z-7-A Z-9-A	高射砲射撃(AA george 〃 (AA Uncle 〃 (AA How
作戦 識別発信 通信 航海	0930- 1020		水先嚮導、レーダー航法及び 訓練
	0930- 1120		一日分航海作業
機関	0930- 1120	UTE-835-E UTE-835-J	機関損傷訓練、ま 空気作動燃料機関
	0930- 1120	UTE-840-A	断続持続回路の復
応急	0810- 1120	UWATE-44-D	防火訓練(消し方使

碇~~泊~~勤中　　　年　月　日		
	GM	担当
せる見張及び訓練		
練	機関総員	担当
系の復習	EM	担当
(消火器)	D.C.	担当
に対する批判と準備		

0837

		実習日第十四日午后	確
砲術及び甲板	1300-1600		洋上射撃
作戦 戦斗発令所 通信 航海	1310-1600		水先嚮導等に連関せる
機関	1310-1600	UTE-54 UTE-55-E	B.C級消火訓練
	1310-1600		断続接続回線の
應急	1310-1600	UWATE-45-D	消火訓練（CO_2 消
総員	1600		明日の実習に対

出勤中　　年　月　日		
	GM.	艇
定及び之に則る		艇
SM, QM として見張に立つ	QM/SM	艇
、復習	機関給員及EM	艇
履修全課目の復習	D.C.	艇

0838

		実習日第十五日午前　退	
総員			
砲術及び甲板	0810-1120		~~発射~~後引合せ 射撃後検定
作戦戦斗発令所	0810-1120		レイダー航法、探索及び
直行航海	0810-1120		監督者指導下に SM、E
機関	0810-1120		機関科実習の復
應急	0810-1120		教育期間中の履修

活動中　　年月日		
する批判	GM/SN	船
復習と批判	機関総員及びEM	船
修する全課目の復習	D.C.	船

0839

		実習第十五日 午后	
砲術及び甲板	1310-1600		航法実習に対する
作戦 戦斗発令 通信 航海			
機関	1310-1600		機関科実習の復
応急	1310-1600		教育期間中履修せ
総員			

29

0840

（　　　）

配布先、
山本、秋重、永井委員、
定、長沢、吉田、寺井、永石委員
柳沢、山崎、三田、堤、坂、堀委員
計一四
局内六
合計二〇

Y施設分科会 記録

昭和二十七年一月八日（火）午后

於 極東海軍司令部

一、出席者

（米顧問）アーブラ公大佐、ムラチ少佐（CG）

（保安庁）山崎委員、溝口委員、堀委員

（二復）山本委員、長沢委員、永石委員

二、議事

第一、佐世保（呉）、舞鶴、大湊の候補施設について

〔（関連）別紙 米顧問団視察報告（各委員に配布）〕

（イ）佐世保

（一）海兵団は米海軍使用中で、朝鮮事変中は返還の期待は極めて薄い。但し顧問団としては当局に返還要求（五月末）を申入れる。

第二復員局残務処理部

0841

( )

(二)(四) 防衛用地は基地施設として最適地であるから、日本側で更らに関係方面と折衝する。

(三)(ハ) 教室派についても(イ)(ロ)の予備として有力な候補とする。之が為

水産大学の移転については日本側で、

練兵場教材地(旧佐世保陸上部隊の一部)については米顧問団で関係方面と折衝のこと。

(四) 米顧問団としては佐世保に適当な候補施設が多く、此の場合は長崎について物色可能との意見であるが、長崎及び附近には適当な旧軍施設は期待出来ない旨説明し、米顧問団は了承。

(ロ) 呉 (及候補地)

(一) 海兵団は濠軍使用中で、之が朝鮮事変の続く限り返還は望み少く(米顧問団としても返還要求を申入れることを控へる)

(二) 陸軍大学校は米陸軍の "Army Specialist School" として

0842

（　　　）

使用中で当分返還の望みはない。

従って Y校舎の女学校としては 極めて最適であることを米陸海軍も推奨している。

(三) 米陸海軍は 保安大学施設の一時使用を勧告している。但し本校は本年四月以降の生徒増加に対処する為 準備中のものであり保安庁としては困難な事情にある。 一應は保安庁で研究のこととする。

(四) 之を要するに米側には 教育施設は何れ基地施設にも返還なく (三)の一時使用不可能の場合は 舞鶴の 教育学校で 舞鶴の今と合併教育するより外途ないものと認められる

この場合 米側の基地施設については 極力 米側に返還地を物色することも必要である。

(五) 米陸海軍は 米側に返還地があれば横山を代替地としたらと勧告している。 横山には返還予定 用事施設がないから 横山に新設

するのならば何んとか其附近に適地を物色し新設に努力すべし

(ハ) 女学校

(一) 校園学校は米陸軍が二棟使用中で、之が返還は可能の見込であり、米領事館は返還に努力す（目下交渉中）

本校で一〇〇〇人の教育は可能であるから其の教育を同校で行ふのことを考慮する要あり

(二) 體育館は荒朽甚しく使用不適

(三) 港務部地区は施設の整頓に便であり、基地施設保存として最適である旨米領事館は勧告している。然しながら今地には運輸省港湾局施設、税関等が殆ど占有して居り之等の移転が問題があるので、日本側としては港務部跡及び軍需部地帯を一括して基地施設を併用する

(四) 米領事館は保安学校にも余裕ある旨指摘している。然し今校は

0844

（　　　）

近道の地にあり、（基地施設）統御指揮としては整備出来ない。

(二)大隅

(一)施設の大部分は完全に残って居る。其の他の建物は相当荒廃している様子であるが、道路は容易と認められるので、教育施設修理として至急研究の要がある

本飛行団は即刻道路の中心となる筈であるから、至急教育部で本施設を改善し、設備計画を立案する必要がある

(二)水交社は荒れては居るが、道路も可能であり、設備の上維持使用も可能である。至急改善の要あり。

(三)工作部は極めて完全に保存され、基地施設として最適なるのみならず情況によっては教育施設ども充当する能との所見である。

(四)、施設の一部は学校で使用しているが、之和利用可能の様子であるが、(一)及び(三)で充分であるから之は割愛する。

(五) 米駐留軍の大規模演習には仙台財務局からも参観し、又地元町役場も極めて協力的である。地理的、気象的に難点はあるが、大演習用施設の利用は当然の措置であり、会議研究に値するものがある。

第二 「挺進教育部隊」改編について

五月(上)の教育会議において 二月中旬からB、C班の陸上教育を開始する事に対し 「挺進教育部隊」に二九〇名の収容施設を準備することは、予算及び工事の関係上無理だし、二月中旬となるので あることを確認した。

右に対し アブラ公大佐は事通「挺進教育部隊」を承認する。

第三 東宿舎の施設について

予備隊の「練習部」を収容する東宿舎の施設に対し、

（　　　）

(ハ) 元海軍経理学校（築地）

(ニ) 仝　右（品川）

(ホ) 元海軍大学校（目黒）

の返還（四月始）について米海軍側の内諾を要望し之を了承

（印）

第二復員局残務処理部

0847

Y施設分科会記録（二七、一、八）

○印 米艦内視察報告及報告の写添付

番號	配付先	受領印
1/20	山本委員	
2/20	秋重 〃	
3/20	永井 〃	
4/20	初見 〃	初見
5/20	長沢 〃	
6/20	吉田 〃	
7/20	寺井 〃	寺井
8/20	永石 〃	
9/20	柳沢 〃	
10/20	三田 〃	
11/20	山崎委員	
12/20	渓口 〃	
13/20	坂本 〃	
14/20	堀 〃	
15/20		
16/20		
17/20		
18/20		
19/20		
20/20		

模造全紙十三行罫紙（花崎納）

0848

15/20

Y施設分科会記録

昭和二十七年一月八日（火）午前
於極東海軍司令部

一、出席者
（米顧問）アブラハム大佐　ムラチ少佐（CG）
（保安庁）山崎委員　浜口委員　堀委員
（二復）山本委員　長沢委員　永石委員

二、議事
第一、佐世保、呉、舞鶴、大湊の保管施設について
（関連　別紙米顧問団視察報告（所要の向に配布））
(イ)佐世保
(一)海兵団は米海軍使用中で、明確に接受中は返還の期待は極めて薄い。但し顧問団としては当局に返還要求（九月末）を申入れる。
(二)防備隊は基地施設として最適であるから、日本側で更らに関係

0849

庁と折衝する。
(三)航空隊についても(イ)(ロ)の予備として有力な候補とする、之が為
水産大学の移転については日本側で、
隣接敷地一旧佐世保上飛行場の一部一については米顧問団で
関係当局と折衝のこと。
(四)米顧問団としては佐世保に適当な候補施設がない場合は長崎に
ついて物色可然との意見であるが、長崎及び附近には適当な旧
軍施設は期待出来ない旨説明し、米顧問団は了承。

(ロ)呉

(一)海兵団及鎮守府は米軍使用中で之亦朝鮮事変の続く限り返還は
望みがない(米顧問団としても返還要求を申入れることを控へる)
(二)兵学校は米国軍の"Army Specialist School"として使用中で
当分返還の望みはない。
但し将来Y機構の兵学校としては極めて最適であることを米顧

0850

問題も推奨している。

㈢米側問題は保安大学施設の一時使用を勧告している。但し本校は本年四月以降の生徒増員に対処する為準備中のものであり保安庁としては困難を表明している。一応は保安庁で研究のこととする。

㈣之を要するに県には教育施設には勿論基地施設にも適地なく㈢の一時使用不可能の場合は舞鶴の機関学校で舞鶴の分と合併教育することより外途ないものと認められる。

この場合でも県の基地施設については極力県に適地を物色することが必要である。

㈤米側問題は県に適地なければ徳山を候補地としたらと勧告している。然しながら徳山には適当な旧軍施設がないから、徳山に新設するのならば何んとか県附近に適地を物色し新設した方が可なるべし。

0851

(ハ) 舞鶴

(一) 機関学校は米陸軍が一部使用中で、之が返還は可能の見込であり、米顧問団は返還一五月末迄に一に努力する。

本校で一、〇〇〇人の教育は可能であるから、県の教育を同校で行うことを考慮する要あり。

(二) 鎮守府は老朽甚しく使用不適

(三) 港務部地区は海軍の要衝に重要であり、基地施設候補として最適である旨米顧問団は勧告している。然しながら同地には運輸省港湾建設所、税関等が既に占有して居り之等の移転が問題があるので、日本側としては港務部及び軍需部地帯を一括して基地施設を準備する。

(四) 米顧問団は保安学校にも余裕ある旨指摘している。然し同校は辺避の地にあり基地施設候補としては賛成出来ない。

(ニ) 大湊

0852

(一)航空隊の庁舎は完全に残って居る、その他の建物は相当荒廃している様子であるが、返還は容易と認められるので、教育施設候補として至急研究の要がある。
米軍司令部は即刻返還の申入れをなす筈であるから、至急Y委員で本施設を視察し、改修計画を立案する必要がある。
(二)水交社は荒れては居るが、返還も可能であり、改修の上使用も可能である。之亦視察の要あり。
(三)工作部は極めて完全に保存され、補助施設として最適なるのみならず情況によっては教育にも充当可能との所見である。
(四)航空廠も一部は学校で使用しているが、之亦利用可能の様子であるが、(一)及び(二)で充分であるから之は割愛する。
(五)米軍顧問団の大佐視察には仙台財務局からも案内し、又地元町役場も極めて乗気である。地理的、気象的に難点はあるが、大湊旧軍施設の利用は当然の措置であり、至急研究に着手する必要

0853

がある。

第二、横須賀管船部改修工事について

九日（土）の教育分科会において二月中旬からB、C班の陸上教育を開始する案に対し、横須賀管船部に二九〇名の収容施設を準備することは、予算及び工事の関係上、三月中旬となる見込であることを説明した。

右に対しアブラハム大佐は来週横須賀管船部を視察する。

三、東京の施設について

予備隊の総監部を収容する東京の施設に対し

(イ)元海軍経理学校（築地）

(ロ)同　右（品川）

(ハ)元海軍大学校（目黒）

の返還（四月初）について米顧問団の力添を要望し、之を了承。

（終）

0854

30

0855

佐世保、呉、大湊、舞鶴方面旧海軍施設状況表

二六、一一、八　二復資料係

地区	旧施設名		現使用区分	戦災状況	戦後保全状況	改修の見込	現用途	記事
佐世保	佐世保海兵団		米軍	半焼	整備	改修（甲）	米軍	
	相浦海兵団		〃	軽微	〃	〃（甲）	〃部隊	
	針尾海兵団		予備隊	無被	〃	（甲）	予備隊	
	防備隊		大蔵省	〃	〃	（甲）	海運局、海上保安学校、会社	
	教育隊		米軍 大蔵省	〃	〃	（乙）	米軍集積所 水産大学	
	港務部		米軍	〃	〃	（甲）	米軍使用	
	軍法会議		大蔵省	〃	〃	（甲）	長崎県佐世保出張所	
	軍	平瀬	米軍	軽微	〃	（乙）	米軍使用	
		干尽	大蔵省 払下	無被	〃	（乙）	一部使用 一部払下	
		前畑	米軍	〃	〃	[illegible]（甲）	米軍使用	

0856

	峰道	〃	〃	〃	(乙) 手入	米軍一部使用	
需	日光	大蔵省	〃	〃	(丙)	大部分撤去	
係	東峰	東京都	〃	〃	(甲) 改修	米軍接収施設	
	川の谷	〃	〃	〃	(乙)	〃	
部	鹿峰	〃	〃	〃	(乙)	米軍接収中	
	桂坂	〃	〃	〃	(乙)	〃	
	董原	払下	〃	売却	(丁)	会社工場	
	野岐	〃	〃	転用	(丁)	甲府中学	
	呉海兵団	連合軍	半焼	〃	増設	連合軍進駐	
	大竹海兵団						
	安浦海兵団	大蔵省	残存 未使用	転用		広島高等師範附属 広島地区大学	
	江田島	〃	半焼			呉工業学校 呉海軍工廠	一部連合軍使用
	秋空港	連合軍	全焼			連合軍使用	

0857

兵学校	米軍	無瑕	空所		米軍使用	
大原分校	米軍 払下				米軍通信部 農場	東部分会部撤去
大竹潜水学校	大蔵省				国立大竹療養所 小方中学校	東部分会部払下撤去
陸戦部	濠軍	全焼			連合軍使用	濠軍新築
潜水艦基地隊	〃	無瑕	空所		〃	
軍需部 一区	〃	大破		補修	〃	濠軍増築 三六一坪
二区	〃	〃		〃	〃	
三区	〃	〃		〃	〃	濠軍増築 三六九四坪
工作部 一区	〃	〃			〃	
二区	払下	〃			播磨造船所 日立 尼崎	
三区	濠軍 大蔵省	空所			濠軍使用 保安部[illegible]	
[illegible]	大蔵省 大竹町	半焼	建屋二棟のみ		新制高校	
[illegible]	払下				土地返還 東部払下済	

0858

大	山砲隊	大湊所				新制高校	
	歩兵隊	米軍	大破			米軍使用	木造建物は壊して撤去 コンクリート建物は残っている
	特山砲兵大隊	〃			選	〃	
	三隊 〃	〃					旧施設は格納庫二棟のみ
	経理部	撤下					敷地その他
堤	軍需部	〃				食品加工工場	
	施設部	〃				進駐軍事務所	
	建築部	大蔵省				保安庁使用	
	水交社	米軍使用		完備		米軍使用	周囲の森
	工作部	〃				〃	周囲の件
	官邸	〃				〃	〃
	鎮守府	米軍		完備		米軍接収	土地の一部は農耕
	海兵団	〃		〃			

海

	平塚出国	大蔵省		全廃		引揚援護局 予備隊	土地の一部は農耕
	浦賀出	〃		〃		保安学校	
舞	舞鶴出	米軍		〃			
	勝力基地出	払下		〃		東部大隊施設	
	経理部	大蔵省		〃		艦政部 保安庁部	
	人事部	〃		〃		鉄道局出先 交付	
	軍法会議	払下		〃		東部大学 研究所	
	施設部	大蔵省		〃		海上保安部 第地役	
	軍需部 一区	一部払下		〃		一部保安庁 学会社	
	軍需部 二区	大蔵省		〃		海洋気象台	
	軍需部 三区	一部払下		〃		市役所 倉庫	
鶴	軍需部 四区	払下					施設撤去
	港務部	大蔵省		全廃		北部港湾部 経理、港務部	

0860

三一字段	校全部	史学科全般
〃	抄下	常ノ斗
		定価
全右本	水産学校	
一字抄下	搭如本全字撤去	

0861

31

0862

30 利. 27-4-18 作成
永石幕僚長へ
（　　　）

-1-

昭和二十七年四月十八日

施設分科委員　秋重実恵（大湊、舞鶴のみ）
同　永石正孝
同　長沢浩（大湊のみ）

海上警備隊地方施設候補地視察報告

一、視察日程

月日	場所	施設	記事
三月二十五日（火）	福岡	一、福岡港及び附近陸上施設 二、博多港及び附近陸上施設	福岡海上保安部庶務係長 横尾吉雄氏 福岡県土木部世話課 小山貞氏 市土木課長 京、内
三月二十六日（水）	伊万里	一、伊万里町一般 二、伊万里漁港 三、山代町築港	伊万里町長 樋口四郎氏 山代町議会議長 武藤庄三郎氏 佐賀県港務係長 森、一郎氏

第二復員局残務処理部

0863

-2-

（　　）

		四、浦崎造船所。	浦崎造船所長 諸岡 篤氏 等来団
三月二十八日	佐世保	一、旧防備隊地区。	佐世保市長 中田 正輔氏
		二、旧空廠兵器部（東洋油化）。	佐世保市助役 山中辰四郎氏
		三、水産学部（旧航空隊）	佐世保市会議長 辻 一三氏
		四、佐世保船舶株式会社。	佐世保市営理課長 井手 津義氏
		五、志番崎地区。	SSK企画室長 中村 孝雄氏 等来団
三月三十日	徳山	一、燃料廠徳山支部地区。（旧燃料廠西部地区）	日本特殊化成KK 高橋 和夫氏
		二、日本特殊化成KK地区（旧燃料廠東部地区）	燃料廠徳山支部長 杉 米作氏 等来団

第二復員局残務処理部

0864

-3-

(　　　)

月日	場所	事項	関係者
三月二十一日	呉	一、海上保安大学地区	中国総務局呉出張所長 山下勝利氏
		二、呉水路啓開部	播磨造船呉船渠 森田勝美氏
		三、播磨造船 NBC 造所製鋼地区	右手配
		四、広方面	
四月一日	舞鶴	一、旧軍需部地区	海上保安学校長 稲垣部氏
		二、旧練兵場地区	飯野造船
		三、海上保安学校	舞鶴造船所 稲岡善一郎氏
		四、飯野造船	舞鶴市会議長 上林久義氏
		五、飯野造船所、（旧共済病院）	右手配
三月十五日	大湊	一、旧水交社	大湊町長 佐々木忠吉氏
		二、旧工作部	青森財務部 大湊出張所 笹森一保
		三、旧教育隊	大湊 春造氏
		四、旧水道施設	右手配

第二復員局残務処理部

0865

-4-

二、各候補地の施設の現状及び利用上の所見（要点）

(イ) 佐世保

(一) 旧航空廠兵器部（米海軍使用中）の施設は工場又は倉庫としては適当であるが、教育施設への転用は不適当である。

又地方監部の施設としては交通並地条件の見地から概ね適当とは[illegible]。認められない。

(二) 水産講習所（旧航空隊）の施設は教育施設としては最適当である。運動場用敷地も稍々不足の感はあるが、特に支障はない。

接収中の隣接地区の一部返還を必要とする。特に考慮して

0866

-5-

（　　）

但し本施設の使用に対しては左記二点の確実な見透しを得ない限り本施設の使用は断念すべきである。

九

(1) 来月からの使用に差支へない様に水産部の長崎移転を遅くも七月末迄に完了すること。

(2) 旧海兵団（米陸軍使用中）から旧港務部（米海軍使用中）に至る地区（旧軍需部倉庫地帯の東半を含む）平瀬地区中旧工廠区域を除いた部分を返還を受けた場合将来海上保安庁の使用を確約を得ておくこと。

(三) 旧防備隊地区に対する佐世保市の復興利用計画には原則的には反対しないが、復興計画の実施には尚数年を要する

第二復員局残務処理部

0867

-6-

（　　）

実情（現在長崎地方復員部事務の長崎復員部分室として開放中）

雑用に鑑みて、旧海軍兵舎二棟を修築し

教室的に教育施設存在地は堅固として使用する必要が

ある。この場合（二）の（2）実況の場合は全面的に本地区を本例に

諒する前提と約束を必要とする。

（四）本件燃料置場（地区は佐世保市の……として定まれる具）は国有鉄道軌條が敷設しある。

従て本地区に教育施設を新設することは不適当である。又地区

堅固としても返還してもらう適当である。

（五）旧海軍施設地区の指定使用は困難な場合の予備候補地として

第二復員局殘務處理部

0868

-7-

元工廠繋船池並繋留所（目下SSKの桟木置場（元木工場））地区を
利用することが出来れば（本件SSK側の協力は得られる と協議の要はある）
（関係略図）

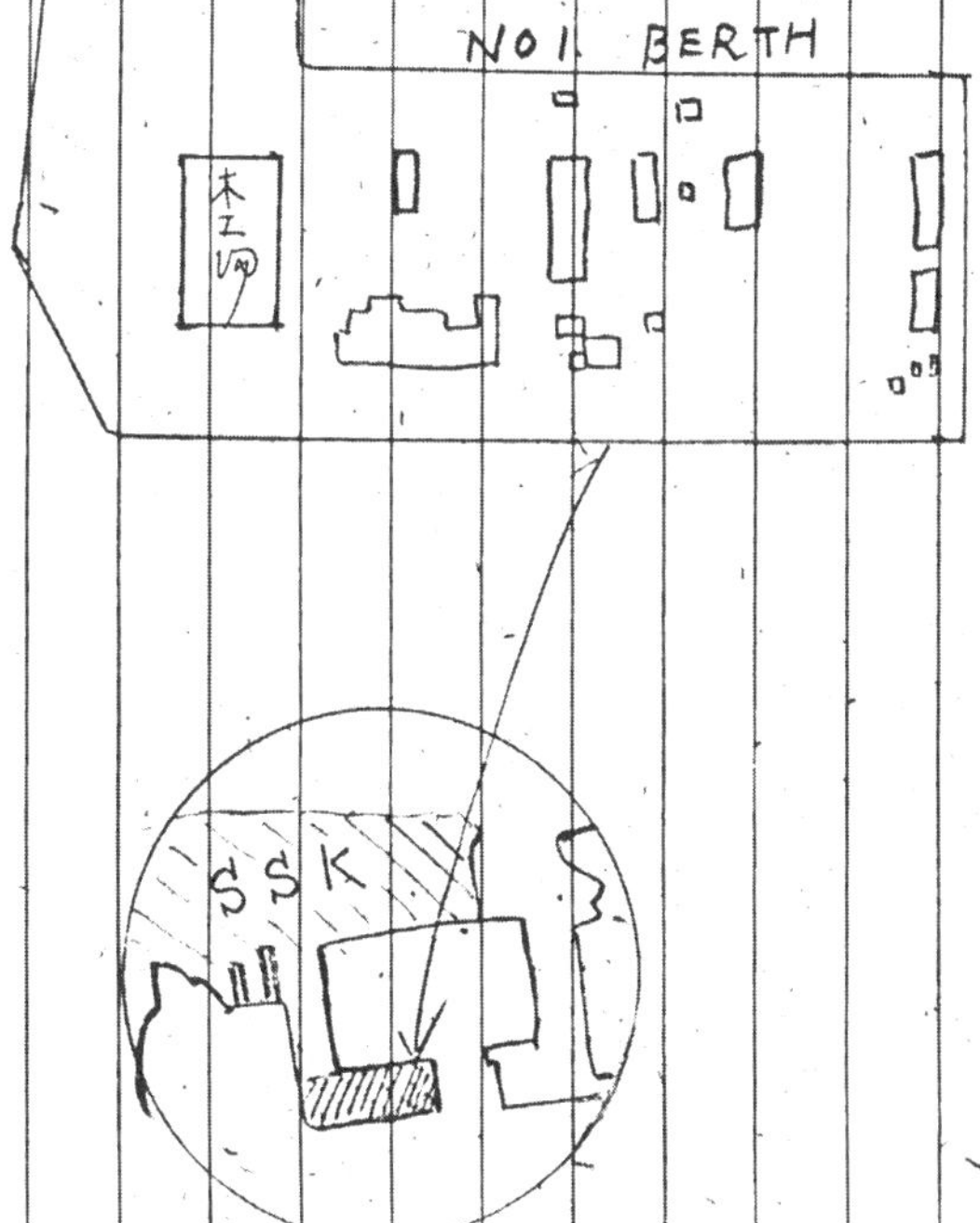

第二復員局残務処理部

0869

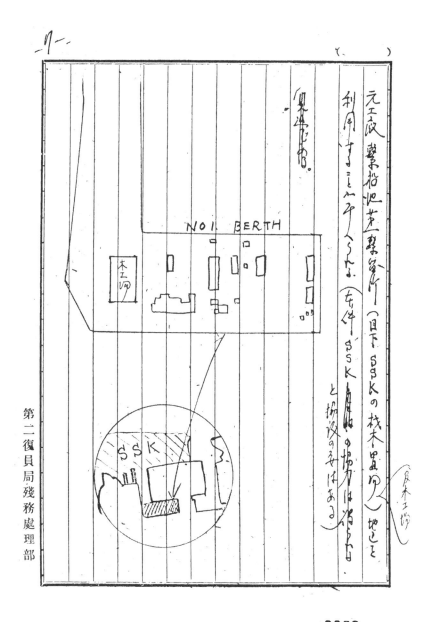

（　　　）

(ロ) 伊万里湾

旧佐世保軍港施設の利用には、米軍の大幅接収、市の商港、漁港転換計画と幾多の制約がある。特に即急の問題として水産学部の移転促進及び防衛用地区の一部使用さえ困難が予想される。然も将来計画としては平坦地区の確保が望み得ない場合は海上空間的としては佐世保に基地を求めることは無意義である。

此の場合には佐世保に代る陸上面の基地としては伊万里湾が最適である。

何れ此の場合は陸上施設は何れ海上施設も全面的新設せねば

第二復員局残務処理部

0870

－9－

（　　）

ならず多数の参考資料とするが旧海軍が永年
佐世保軍港を完成したのも一日を以て為し遂げたものでは
なく、海上要衝として伊万里に基地を定め長い将来計画を
以て之を完成することは夢物語りでもあるまい。

幸い佐賀県及び伊万里、山代町両町の誘致運動あり
且伊万里地方の財政力は有力な背景である。然も

伊万里湾は港湾としては佐世保港に遜色なく天恵の条件を
具備しながら、補給基地としては適当であり、補給基地佐世保
の問題に難点ある場合は伊万里進出について具体的研究に、
着手する要あるものと認める。

第二復員局残務処理部

0871

(ハ) 福岡

博多港（市の西部）は漁業基地として賑を極め、陸上設備の基地としては不適当である。

福岡港（市の東部）は港湾施設完備し、船舶基地としては適当であるが、陸上に適当な施設なく又新設の余地もなく教育施設は内海地方本部の設置個所は適当である。

(ニ) 徳山

旧燃料廠の東側約2/3（東側）は米軍燃料置場として使用中であり残余の区域は狭い。

第二復員局残務処理部

0872

(ホ) 二

-10-

（八）

西部地区（約1/3）は日本政府へ返還の予定であるが、施設は殆んど
全面的に破壊せられ、利用すべき施設は無い。従って地上部
とても新設を要する関係上、呉地区の施設の返還の見通しと関連して
研究すべきである。（米軍臨時基地の隣接
地域に新設することは困難である。）

(ホ) 呉

(一) 呉市としては海上警備隊地区として新営方面を希望しているが
旧潜水学校は海上保安大学、分割使用で自ら独立となる
多くは旧校舎及兵舎である。従って全施設の利用は佐世保と

第二復員局残務処理部

0873

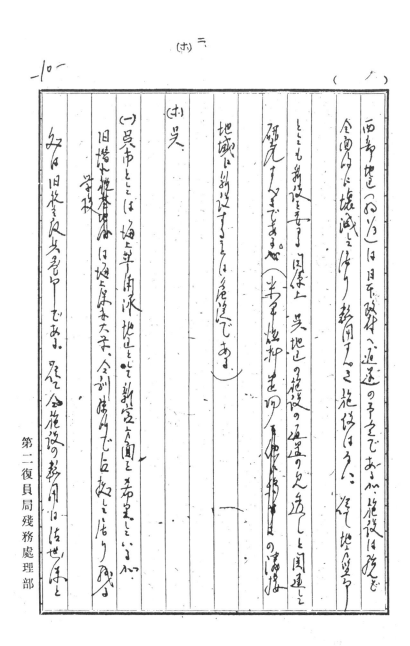

（　　　）

今後は工場、倉庫としては適当であるが、教育施設は向側地ノ学部としても適当でない。

(二) 旧海兵団地区は施設の転用は最適であるが、その周辺に造船、製鋼の大工業地区を控へ、産業道路、鉄道引込線の転用に当り該地区の都市計画に支障を来すおそれあり、従って海上保安庁としては市の計画を尊重する条件をつけ認める。

(三) 従て海上保安庁の用地としては旧軍需部地区を予定し、大蔵省及び市側に対し早期に希望を申入れ、目下政府へ返還手続中（目下本件BCOF使用中）

以上

要は呉に基地を設置することを延期する外適当なきものと認める。

（呉公団出張所長には一応申入れて置いた）

－12－

（　　　）

(ヘ)舞鶴

(一)旧鎮守府、水交社地区（敷地）は米軍は返還の意思がある。地下道の

陥没により（地表面に）処々亀裂があるが、建物の使用には差支なかるべく、

特にその保全状態は完全であり、地下学校として返還

申請の必要がある。

（舞鶴当局にも異存はない）

(二)海上保安学校内に海上部隊の教育施設を併置することは

両者の教育目的、性格、階層の相違から見て極力避け

ねばならない。従て併置する時は他に適地を求むる場合の考慮

手段であり、然も現状の如く一様の政策のみでは講習生の宿泊のみで附属施設（教官室、研究室、実習所、作業所、倉庫の被害等）を新築する要がある。

（然し校長としても僅かの場合はあまり出来る限り協力する旨の意志表示はあったが、生徒の教育上経営は望ましくないとの本人の意向）

(三) 旧[illegible]学園（について）は現地米軍は返還を予定中とのことである。従って至急之が返還の折衝中であるが、要件が実現すれば施設（の一部）は直ちに利用され、情況によっては二学期からの教育が可能である。

-14-

（　　　）

(四)旧軍需部地帯中、現入営倉庫に隣接する煉瓦造倉庫二棟は完全であり、且つ全地区である。先年兵器格納所及び砲術科倉庫も適当なる個所に特定し存置することは容易である。之等五棟を使用すれば吾々人格形成の教育施設への改造も可能ならば、(二)御(三)が実現すれば其の必要はないが、其の場合は壁中の倉庫、書庫に充当する為、是非共確保の要がある。

(五)復員部造船部合地区は前諸項が希望通り実現すれば必ずしも必要とはしないが、若し(三)項が実現出来なく、(四)項で教育する場合には、一環施設として確保の要がある。特に一棟の工場建物は雨中運動場として適当である。

第二復員局残務処理部

0877

(ハ)鉄路興業所（旧生活改善（合））は相当の広さがあり地方些ヤーの要求
に合するが、鉄路興業所の事業の現状及び立地条件から無理
出来ない。

(ト)大塔

(一)旧水交社は内部は荒廃して居るが土台はしつかりして居る。然し
乍ら立地条件は最適で地方些ヤーとしての利用は
施設の充実を認める。（一三〇人程度の収容所には若干不足と判断した）
可能ならば在留中に一部を修繕し準備品を配備する
ことが望ましい。

第二復員局残務処理部

16

(二)旧工作部

艦隊基地に附属する兵舎、倉庫、油槽、有線通信施設として最適で

ある。又呉方面では三〇〇人位の教育施設に使用することも(一)の後と

認められる。之が確保を必要と認める

(三)旧飛行場は一飛行場設地と

将来は東地区に進出し、特に飛行兵力を保持する場合には

絶対必要の施設であるが現段階では位置は遠隔である。

尚米、英で飛行場の一部を使用中の現状に鑑み(一)及び(二)で

建物

残置し東地区は将来に残すこととする。

第二復員局残務処理部

0879

（　　）

三、要処理事項

(イ)至急処理を要する事項

(一)旧舞鶴第二海兵団を海上学術教育施設として返還を申請

(二)旧舞鶴鎮守府、水交社地帯を海上学術地方出張部施設として返還を申請。

(三)長崎大学水産学部を海上学術教育施設に譲り受けることゝし、同学部が七月末迄に移転が完了しうるや

(四)佐世保平瀬地区（工廠区域を除く）が返還された場合には海上学術施設として同地区を充当する旨の確約を得ること（大蔵省及び佐世保市当局）

(五)今右時期迄佐世保防備隊地区に地方出張部を暫定的に

-18-

（　　　）

従事する希望の申入れ

(六) 旧海軍軍令部、施設部、兵学校出身者、格納庫及び造砲術部

全部を海上保安庁で使用申入れ

(四) 沿革及目的を示す手段

(一) 旧呉軍令部地区が返還された場合に海上保安庁に同地区を

充当する旨の確約を得ること（大蔵省及び呉市と打合し）

(二) 旧大提工作部、水交社について　仝右

(三) (一)の(六)が速急に実現しない場合は(一)の(六)を併せ教育

施設に転用可能ならしむるかを研究

(八) 其他に処置すべき手段

(一) (イ)の(四)、(五)の希望が実現せざる場合は民間工場等に貸地転換を

研究する。

第二復員局残務処理部

0881

(二)　(四)の(一)の希望が実現せられた場合は根山について研究す。

(三)　(イ)の(五)の希望が実現した場合（但し(イ)の(四)は申入れ受諾）は

SSK株式会社に於ける[illegible]設立について研究する。

（終）

第二復員局残務処理部

0882

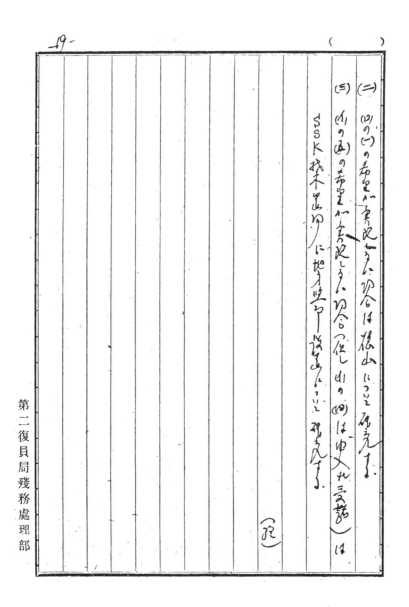

戦後防衛史資料《せんごぼうえいししりょう》

7　Y委員会記録《いいんかいきろく》　其《そ》の四《よん》　2／2　Y委員会研究資《いいんかいけんきゅうし》料《りょう》　2／2

2024年 9 月15日　印刷
2024年 9 月30日　発行

監修・解説　植村秀樹《うえむらひでき》
発　行　者　鈴木一行
発　行　所　株式会社ゆまに書房
〒101-0047　東京都千代田区内神田2-7-6
電話　03-5296-0491（代表）

印　刷　株式会社平河工業社
製　本　東和製本株式会社
組　版　有限会社ぷりんてぃあ第二

7　定価：本体14,000円＋税　ISBN978-4-8433-6628-8 C3321